U0319075

一学就会傻瓜书

玩转 iPhone 4S

付 琦 张良军◎编著

清华大学出版社
北 京

内容简介

本书详细、全面地介绍了iPhone 4S的使用方法和技巧，是一本帮助读者了解并学习iPhone 4S的书。主要内容包括认识并了解iPhone 4S、使用iPhone 4S的基本方法及操作、iPhone 4S的休闲及娱乐功能、使用iPhone 4S帮助出游及生活、管理及协助生活和工作以及解决一些常见的问题等。

本书适用于喜欢或想了解iPhone 4S的爱好者，对iPhone 4S的各项功能及作用充满兴趣和好奇的各类用户，包括在校学生、苹果爱好者、智能手机拥有者等。

图书在版编目（CIP）数据

玩转iPhone 4S/付琦，张良军编著. —北京：清华大学出版社，2012.9
（一学就会傻瓜书）

　ISBN 978-7-302-29546-4

　I. ①玩… II. ①付… ②张… III. ①移动电话机-基本知识
　IV. ①TN929.53

中国版本图书馆CIP数据核字（2012）第170531号

责任编辑：朱英彪
封面设计：刘　超
版式设计：文森时代
责任校对：张兴旺
责任印制：何　芊

出版发行：清华大学出版社
　　　　　网　　址：http://www.tup.com.cn，http://www.wqbook.com
　　　　　地　　址：北京清华大学学研大厦A座　邮　编：100084
　　　　　社总机：010-62770175　　　　　　邮　购：010-62786544
　　　　　投稿与读者服务：010-62776969，c-service@tup.tsinghua.edu.cn
　　　　　质　量　反　馈：010-62772015，zhiliang@tup.tsinghua.edu.cn
印　装　者：北京天颖印刷有限公司
经　　销：全国新华书店
开　　本：145mm×210mm　　**印　张**：9.125　　**字　数**：376千字
　　　　　（附CD光盘1张）
版　　次：2012年9月第1版　　　　　　　**印　次**：2012年9月第1次印刷
印　　数：1～6000
定　　价：32.80元

产品编号：044244-01

前言

同样是手机，为什么iPhone 4S这么火爆？
大家都在使用iPhone 4S，为什么您的功能较少？
同样是讲解iPhone 4S的书，为何不选内容全面丰富的？
同样是讲解iPhone 4S，为何不选学以致用的？

　　一个人每时每刻都会面临选择，而选择一本合适的参考书则是每个自学者最重要也最头痛的一个环节。"寓教于乐"是多年前就倡导的一种教育理念，但如何实现、以什么形式体现，却是大多数教育专家研究的课题。我们认为，"寓教于乐"不仅可以体现在教学方式上，也可以体现在教材上。为此，我们创作了这一套书，不管是在教学形式上，还是在讲解方式和排版方式上，都进行了一定的探索和创新。希望正在阅读这本书的您，能像看杂志一样在轻松愉悦的环境中了解并熟悉iPhone 4S。

 ## 本书的特点有哪些

　　🔒 情景教学，和娜娜一起进步：本书不仅讲解了与iPhone 4S相关的功能及使用方法，也是主人公娜娜的学习过程。相信娜娜在学习过程中的疑惑您也曾遇到过，不过娜娜最终在阿伟老师的指点下，走出了困境，相信通过本书的指导，您一定可以成为第二个"娜娜"。

　　🔒 贴近生活，知识安排以实用为目的：iPhone 4S是一款功能强大的智能手机，了解并熟悉其使用方法的目的是为了更好地使用iPhone 4S，使娱乐、生活及工作更加便利。因为您的需要，我们才安排了本书的各节知识，在面对各类iPhone 4S的问题时，您可能遇见过不知道怎么使用部分功能、想要的功能找不到、出现问题无法解决等问题。别着急，书中会根据您的需要，给出相应的解决对策。

　　🔒 以实例为引导，授之以渔：在讲解iPhone 4S时，采用以实例为引导的模式，以实际操作的形式告诉您iPhone 4S各个功能的作用及使用方法，并通过

"跟我练习"栏目以及章末的"更进一步"和"活学活用"栏目，最终达到学以致用的目的。

🔒 排版轻松，带来阅读杂志般的愉悦：为了让您学得轻松，在内容的排版上，我们吸取了杂志的排版方式，样式灵活，不仅能满足视觉的需求，也能让您在充满美感的环境中学习到您需要的知识。

💬 这本书适合哪些人

不管您年龄多大，现在正在干什么，如果您就是下面这些人中的TA，拥有相同的困惑，不妨拿起这本书翻翻，您也许会发现自己苦苦寻找的答案原来就在这不经意的字里行间。

正在使用iPhone 4S的小A 👤 ：小A刚购买了iPhone 4S，但是却不怎么会用，也不知道iPhone 4S的功能到底有多强大，怎样才能利用iPhone 4S更好地工作和生活呢？

保持观望的小B 👤 ：小B没有iPhone 4S，但是对这部手机很有兴趣，想先了解iPhone 4S的具体功能后，再决定是否购买iPhone 4S。

从业人员小C 👤 ：小C每天都有比较繁忙的工作和较多需要处理的业务，但是没有私人秘书导致很多事情安排不过来，所以购买了一部iPhone 4S，用于管理自己的日程，并协助自己办公。

喜欢上网的小D 👤 ：小D离不开网络，经常在网上与别人聊天或交友，但是因为工作原因不能一直守候在电脑旁，要如何才能随时保持在线呢？

小E、小F、小G…… 👤 ：他们都喜欢iPhone 4S，却没有一个比较熟悉iPhone 4S的朋友，经常在研究iPhone 4S的过程中遇见很多问题，特别是各种功能的使用等，如何才能在短时间内掌握iPhone 4S呢？

有疑问可以找他们

本书由九州书源组织编写，参加本书编写、排版和校对的工作人员有付琦、张良军、陈晓颖、简超、羊清忠、廖宵、向萍、王君、曾福全、朱非、刘凡馨、李伟、范晶晶、任亚炫、赵云、陈良、张笑、余洪、常开忠、徐云江、陆小平、刘成林、李显进、杨明宇、杨颖、丛威、唐青、宋玉霞、刘可、何周和官小波。

如果您在学习的过程中遇到什么困难或疑惑，可以联系我们，我们会尽快为您解答。我们的联系方式为：QQ群：122144955，网址：http://www.jzbooks.com。

九州书源

目 录
Life
NEW CENTURY

第03章　时尚的网络终端

第04章　iPhone的全能管家

第05章　iPhone的休闲世界

第 01 章
iPhone 4S强势来袭

　　阿伟今天很高兴，因为他刚刚换购了一部iPhone 4S，正在玩手机时，娜娜走了过来，看见阿伟手中的手机就问："这是什么手机呀？看起来好漂亮啊！"阿伟回答道："这个是iPhone 4S，是苹果公司推出的第五代苹果手机，也是我的第五部苹果手机。"听了阿伟的回答，娜娜顿时来了兴趣，拿过阿伟的iPhone 4S说："原来这个就是iPhone 4S啊，之前常听同事聊到这款手机，今日一见果然不同凡响！你给我讲讲这款手机吧，下次我也买一个。"看见娜娜对iPhone 4S这么感兴趣，阿伟就一口答应了。

1.1 iPhone家族

娜娜拿着阿伟的iPhone 4S说："iPhone 4S真的很好看，但是为什么iPhone突然就红遍全世界了呢？"阿伟回答说："这和iPhone的不断发展有密切的关系，要了解iPhone，还得从iPhone的发展开始说起。"

新手解惑

Q：iPhone是什么公司的产品？其公司主要业务是什么？

A：iPhone手机是苹果公司的产品，所以iPhone也被称为苹果手机，其总部位于美国加利福尼亚州的库比提诺。苹果公司的核心业务是电子科技产品，在高科技企业中以创新而闻名。

知识点拨

iPhone是结合照相机、个人数码助理、媒体播放器及无线通信设备的掌上设备，可以说iPhone开创了移动设备的新纪元，重新定义了移动电话的功能。iPhone自从问世以来，每一款产品都会让业界惊叹不已。下面对苹果公司生产的iPhone进行介绍。

第一代——iPhone

2007年，当iPhone第一次出现在人们眼前时，乔布斯一边用手指滑动着屏幕，一边用煽动性的语言说道："这将是一个颠覆性的应用。"从此，大屏和触控几乎成了智能手机的标配，人们开始习惯这种简洁直接的操控方式，逐渐抛弃了传统的按键方式。

iPhone开创性地将移动电话、宽屏iPod和上网装置三大功能集于一身，拥有适用于移动设备的Mac OS X操作系统，以及200万像素的摄像头。iPhone设备内置有重力感应器，能依照用户水平或垂直的持用方式，自动调整屏幕显示方向，并且内置了光感器，能根据当前光线的强度调整屏幕亮度。此外还内置了距离感应器，防止在接打电话时误触屏幕引起其他操作。

■ 第二代——iPhone 3G

第一代iPhone成功发行后，苹果公司于2008年推出了第二代产品——iPhone 3G，它是苹果公司推出的一部让全球震惊的3G手机。

除了保持iPhone原有的WiFi、蓝牙2.0和200万像素摄像头，3G版本升级为WCDMA通讯，支持HSDPA（3.5G）、内置GPS模块、中文手写输入和App Store软件商店等。

■ 第三代——iPhone 3GS

2009年苹果公司推出了iPhone的第三代产品——iPhone 3GS。作为iPhone 3G的升级版本，iPhone 3GS中的S，即速度（Speed），表明它将带来更快的处理速度及更高效的运行效率。同时，iPhone 3GS还提升了多媒体，使iPhone 3GS的娱乐功能更加强大。

iPhone 3GS不仅将摄像头像素增加到300万，追加自动对焦和视频编辑功能，还将TFT材质屏幕更换为OLED材质的屏幕。同时还将运行内存由128MB提升至256MB，主频由440MHz提升到600MHz，加快了手机的运行速度。减少了机身厚度、加快了3G和3.5G网络载入速度，支持电子罗盘功能，将普通屏幕升级为抗油污、抗指纹的屏幕等，这也使得iPhone 3GS的魅力大增。

■ 第四代——iPhone 4

2010年苹果公司推出了iPhone第四代手机——iPhone 4，以时尚的全新外观设计、高清的Retina显示屏幕、全新的拍照系统、三轴陀螺仪和A4处理器等众多特点，使得iPhone 4的性能远超过iPhone 3GS。

iPhone 4的摄像头采用了新的背照式传感器，其像素为500万像素，同时在前端配备了一个70万像素的摄像头。除此之外，还设计了全新的按键风格，在它前后面板中采用了特殊的钢化玻璃，耐划性很强。显示屏的升级使iPhone 4的屏幕分辨率达到了960×640，在保持高清晰界面的同时还对机身厚度进行了改革，仅有9.3毫米，使iPhone 4更加轻巧、实用。

■ 第五代——iPhone 4S

2011年，苹果公司推出了iPhone第五代产品——iPhone 4S。iPhone 4S是iPhone 4的升级版，其中S与iPhone 3GS中的S相同，表示速度（Speed），而因为苹果公司的创始人史蒂夫•乔布斯在这期间逝世，于是又将其称为iPhone for Steve。

与iPhone 4相比，iPhone 4S在外观上没有过多变化，但天线设计有所更改，屏幕也采用了国际著名直升飞机玻璃制造商——康宁生产的大猩猩玻璃。iPhone 4S在iPhone 4的基础上对配置进行了升级，配备了A5双核中央处理器及双核显示核心，CPU速度是iPhone 4的2倍，图形性能则是iPhone 4的7倍。同时摄像头也从500万像素升级到了800万像素，1080p HD的高清视频拍摄功能更是令人叹为观止。

■ 第六代——iPhone 5

在苹果已经发布的5款iPhone中，每一款都在上一款的基础上进行了升级，功能更加强大，为用户带来了无与伦比的全新体验。据推测，下一代iPhone 5将会配置四核处理器、1440×800的屏幕分辨率、支持LTE网络，及拥有更高效率的处理器、更宽广的高清屏幕、更快的网络连接速度。

目前，苹果还未公布iPhone 5的上市时间，不过按照以往每年一款的推出速度来看，相信在不久的将来iPhone 5即将与用户见面。

1.2　全面了解你的iPhone 4S

"苹果公司好厉害，每年推出一款苹果手机，并且都能达到更好的效果。"听了阿伟对iPhone家族的介绍，娜娜不禁感叹道。此时阿伟继续说道："苹果公司的确非常厉害，下面我还是先给你讲讲iPhone 4S的强大功能吧。"

1.2.1　精巧时尚的外观设计

虽然iPhone 4S在系统方面进行了大量提升，并未对外观进行太多改变，即便是外型变化甚微，依然给人设计超前的感觉。

iPhone 4S在基于iPhone 4的外观设计上没有进行太多的改观。但iPhone 4将天线和边框整合在一起，侧边的不锈钢框架天线分为两段，充当两个天线，虽然设计很巧妙，但如果握机姿势不规范就会干扰到信号。而iPhone 4S则对此进行了重新设计，解决了"死亡之握"的问题。

1.2.2　唯美华丽的操作系统

与外观不同，iPhone 4S所搭载的iOS 5操作系统再次进行了飞跃，带来200多项新功能，且在功能升级的同时其操作系统的界面也越来越美。

iOS是苹果公司开发的一种手持设备操作系统。该系统最早于2007年1月9日进行公布，适用于iPhone、iPod touch、iPad以及Apple TV等苹果产品。iOS操作系统与苹果的Mac OS X操作系统一样，是以Darwin为基础，属于类UNIX的商业操作系统，该系统的原名为iPhone OS，直到2010年6月7日在WWDC大会上宣布改名为iOS。而iOS 5操作系统是在iOS操作系统上发展的一种移动操作系统，升级了Twitter嵌入、Safari浏览器优化和Reminders提醒功能。

1.2.3 后盾强大的手机硬件

拥有精巧时尚的外观设计和唯美华丽的操作系统是不足以使一款手机如此成功的，维持手机内部运行的手机硬件同样也是制胜的关键。

iPhone 4S最引人瞩目的硬件是一颗频率为800MHz的双核心A5中央处理器，同时不仅中央处理器升级到双核，显示核心也同样升级为双核。强大的处理器搭配背照式传感器的800万像素摄像头和Retina显示屏幕，使得iPhone 4S的用户体验不断飙升。

1.2.4 不断超越的软件更新

一款手机不管如何强大，能支持的功能也是有限的，所以很多附加功能都是通过第三方软件提供的。

App Store是苹果推出的在线软件商店，该商店主要提供工具、游戏、社交聊天、导航和图书等超过50万个应用软件出售。通过软件商店，不仅能下载到各类强大的第三方软件，还能扩展手机的附加功能。2012年3月，其应用软件的下载量已超过250亿次，足以证明软件商店的人气和强大。

1.2.5 无与伦比的触控体验

自iPhone上市以来，其强大的触控功能就引起了世人瞩目。通过多点触控带来的超强体验，是iPhone开创移动设备新纪元最重要的一项举措。

iPhone 4S使用的Retina显示屏幕支持多点触控操作，仅使用单手指就可在显示屏上通过点击、滑动、拖动、长按等完成大部分操作；也能通过两个手指完成放大、缩小等操作，甚至能通过自定义的方式使用3个或3个以上的手指完成特殊的操作。这些都是其他手机所不能匹敌的强大触控体验。

1.2.6 人工智能的Siri语音

如果要问未来什么操控方式将会变为主流，人机对话肯定会榜上有名。从以往的使用按键、遥控、各类传感器控制等到现在流行的触控，都需要使用手进行操作，而人们最希望的则是能够释放双手，通过对话的形式来进行操控，减少手工操作，使自己能更灵活地处理其他事务。

Siri是苹果公司在iPhone 4S上应用的一项语音控制功能。Siri不仅仅是简单的语音控制，而是能够实现人机对话的智能化语音系统。Siri人机的互动设计，不仅有十分生动的对话，其针对用户询问所给予的回答，也不至于答非所问，有时候更是让人有种心有灵犀的惊喜，甚至不需要符合语法，相当人性化。

唯一遗憾的是，Siri暂时不支持中文，据悉，2012年下半年Siri有望支持中文。

1.2.7 便捷实用的消息通知

iPhone 4S搭载的iOS 5系统包含有一项重要升级，即推送通知和通知中心。这样可以使用户在程序关闭的情况下，仍能知道最新动态，通过推送通知浮现在iPhone的屏幕上，而通知中心能更好地查阅各类信息。

推送通知不仅能将来自手机的电话、短消息等信息浮现在iPhone 4S的屏幕上，还能将应用软件的信息浮现在屏幕上。

使用手指从屏幕最上方开始向下滑动，便能拖出通知中心。通知中心的出现使信息的预览变得非常简单，只需使用手指轻轻滑动便能查看手机所收到的所有信息。

1.3　强大的手机部件

经过接触，娜娜不禁感叹道："这个iPhone 4S不仅界面精美，而且系统流畅，而我以往使用的手机如果界面做得很华丽，系统流畅度就会有影响；如果保证流畅度，界面却不是很精美，iPhone 4S是怎么做到的呢？" "iPhone 4S能同时做到这两点，除专用的系统外，强大的手机部件也功不可没，下面就拆开看看到底用了哪些部件吧。"

使用专用的螺丝刀拆下手机底部的两个螺丝后，便能成功打开后盖。打开后盖后，可以看见电池等部件，通过与iPhone 4的电池相比对，发现这块电池使用的连接器的形状与iPhone 4有所不同，因此iPhone 4S的电池与iPhone 4不能通用。

在iPhone专用拆解工具的帮助下，拆下iPhone 4S的主板，这时可看见主板的形状与"L"类似。这块"L"型主板便是使iPhone 4S变得更强大的精髓所在，把表面的防护层取下之后，可以看见包括A5双核处理器在内的芯片。

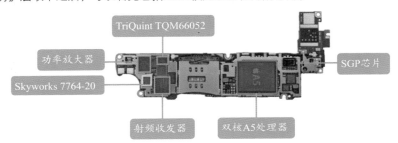

在拆卸的过程中发现iPhone 4S只是用了螺丝和有限的粘合剂进行组装，可以比较容易地拆下后面的面板和电池。

通过拆卸的过程不仅能彻底了解iPhone 4S，同时也为后期维修工作打下一定的基础。

1.4 迎接你的iPhone 4S

娜娜对阿伟的iPhone 4S爱不释手，越来越喜欢，就问阿伟在哪里可以买到iPhone 4S。阿伟回答说："目前购买iPhone 4S的渠道很多，可以在苹果官网、专卖店进行购买，也可与通信商签订合约购买。"

1.4.1 行货与水货

购买手机时，我们经常会听到行货和水货两个词。行货和水货是在购买手机过程中不可避免会碰到的，也是我们需要了解并能正确区别的问题。

正确区分行货与水货能有效保障自己的利益，下面将介绍行货与水货的差别。

1. 什么是行货与水货

水货不是指产品掺杂水分造假，也不是指冒牌、伪劣产品，就产品质量来说水货与行货并没有本质的区别。

水货与行货的区别主要体现在地区的销售及其服务的不同。而所谓的水货和行货的概念只是一个区域销售概念，如从香港购买了一部行货手机，拿到内地的客户要求进行修理，商家会拒绝进行维修，理由是手机为水货。一部手机因为销售地区的不同，就会产生行货与水货的区别。但是有部分商贩为了利益，从出售价格较低的地区购买手机然后进行走私活动，因此使得水货手机大量充斥着市场。

水货手机与行货手机最大的不同就是无正规发票、无售后服务和无保修等。

2. iPhone 4S行货与水货的区别

iPhone 4S的行货与水货除发票及售后等区别外，最主要的区别是系统、包装盒、配件和手机外观等。

■ 包装盒差异

对比一下iPhone 4S的行货和水货包装盒后，发现行货iPhone 4S的包装盒比水货要大很多，甚至可以容纳两个水货iPhone 4S的盒子。行货iPhone 4S包装盒的背面全是汉字，而水货一个汉字都没有。同时在包装盒的背面印有型号，其中行货为A1431；水货为A1387。

行货iPhone 4S

水货iPhone 4S

行货粘贴的入网许可证

取下该贴膜，可以发现背面的文字信息和标识信息有所不同。

■ 手机外观差异

拆开包装盒后，可以发现在行货手机背面的贴膜上有一张入网许可证和IMEI号码，表明该手机是经过检验的行货手机。

水货iPhone 4S

行货iPhone 4S

■ 充电器差异

因为每个国家或地区所使用的电源插座标准不同，为了匹配不同的电源插座，从发售地配套的充电器也各有差异。其最主要的差别是接口和外观的不同，同时工作电压也有所不同。

水货充电器

行货充电器

■ 系统差异

开机后，虽然使用方法和方式相同，但是行货iPhone 4S依然针对中国市场对系统进行了一定的调整和优化。如水货的iPhone 4S集成了YouTube服务，而该服务在中国无法使用，因此将其删除了。

行货iPhone 4S的初始界面

水货集成的YouTube

3. 购买水货还是行货

通过比对发现，虽然水货手机与行货手机并没有太大的差别，但是行货的iPhone 4S针对国内市场不仅优化了系统，而且将所有的配件都本土化，全部使用汉字作为标识，方便新手进行使用。

行货iPhone 4S拥有完整的售后保障体系，在手机出现意外情况导致损毁时能及时得到维修服务，并且系统支持升级，方便在以后发布新版本系统时能及时升级。

作为对比的水货iPhone 4S不仅没有售后保障，而且配件等没有本土化，不方便新手使用，所以不推荐购买水货手机。

1.4.2 购买iPhone 4S的多种途径

通过对行货与水货进行的分析,确定购买的方向为行货版本的**iPhone 4S**后,就可以开始了解行货手机的购买渠道以及价格了。

购买任何东西的途径都并非是单一的,下面将介绍**iPhone 4S**不同的购买途径。

1. 通过官网购买

在苹果公司的官方网站上,有出售无需合约的各种版本的**iPhone 4S**,购买者只需经过简单的操作,即使在家也能购买行货**iPhone 4S**。

下面将登录苹果公司的官方网站,根据网站提示购买**iPhone 4S**。

第1步:打开网站并选择版本

在IE浏览器的地址栏中输入"http://store.apple.com/cn/browse/home/shop_iphone/family/iphone/iphone4s",登录iPhone 4S的购买页面,然后在打开的页面中选择需要购买的iPhone 4S的颜色和型号,如这里选择白色的32GB版本。

第2步:添加到购物车

版本选择完成后,单击页面右侧的 按钮,在打开的页面中继续单击 按钮,将选择的**iPhone 4S**添加到购物车中。

第3步: 输入收货人信息及地址

在打开的页面中单击 立即结账 按钮，再在打开的页面中单击 继续 按钮，打开"安全结账"页面，在其中输入收货人的信息及地址，确认无误后单击 继续 按钮。

第4步: 支付购买

在打开的页面中选择用于支付购买的银行卡，然后连续单击 继续 按钮，选择发票并选中"条款与条件"下面的复选框后单击 立即下单 按钮，最后单击 立即支付 按钮，转到银行的支付页面。根据提示将需要证书和密码等设置完成后完成支付，再等待几个工作日后即可收到手机。

新手解惑

Q：为什么不能检测证书？

A：为了保证交易的安全，所有的网上支付中心在第一次交易时，都会弹出要求安装安全控件的对话框，如果没有，则可在页面中单击"此处"超链接手动安装。

2. 苹果零售店

苹果零售店（Apple Retail Store）是苹果公司在全世界各地开设的苹果产品零售店，店内工作人员全部经过苹果公司的培训，并且能直接在苹果官方零售店中购买iPhone 4S的裸机。与各地的其他经销商不同，苹果零售店在店内设有为顾客提供技术支援的天才吧，同时还经常会举行一些关于苹果产品的讲座，拥有更加全面的技术支持和售后服务。

唯一不足的是，目前只在中国大陆的北京和上海开设有5家苹果官方零售店，其他地区只能通过专卖店或各大经销商，如国美、苏宁等进行购买。但也需注意专卖店或经销商的资质和出售的货物，可能混杂有次品。

3. 购买联通合约机

购买联通合约机将提供"预存话费送手机"与"购机入网送话费"两种资费补贴形式。如选择联通"预存话费送手机"方式，可选择"三年期286元16GB/32GB零元购机"、"两年期386元16GB零元购机"等系列的合约计划。值得关注的是，联通在iPhone 4S合约计划中增加了"1年期预存5880元话费送手机"套餐，如果选择156元以下的套餐，每月话费返还额度将超过套餐最低消费额度，在套餐消费额度内可不用再缴话费。

套餐购机需支付的全部金额=预存款+手机款。若套餐月费要高于每月的返还金额，消费者还要每月补一定的差价。以16GB两年期286元套餐为例，每月需要补偿金额为286－174=112元。两年下来手机加话费总消费金额为4 181元的预存款加1 699元优惠购机款再加（286－174）×24个月等于8 568元。同时，16GB三年期的套餐，合约期内总共花费也要高达5 880+（286－163）×36=10 308元，所以大家在购买之前还是要慎重考虑。

iPhone 4S 16GB (黑/白)	合约期	套餐月费 (单位：元)	66	96	126	156	186	226	286	386	586	886
预存话费送手机							购手机入网送话费					
iPhone 4S 32GB (黑/白)		产品包价格					5880					
iPhone 4S 64GB (黑/白)	12个月	优惠购机款	4399	4199	4099	3899	3699	3499	3199	2699	1599	0
		预存款	1481	1681	1781	1981	2181	2381	2881	3181	4281	5880
		分月返还额度	123	140	148	165	181	198	223	265	356	490
	24个月	优惠购机款	3999	3699	3399	3099	2699	2299	1699	0	0	0
		预存款	1881	2181	2481	2781	3181	3581	4181	5880	5880	5880
		分月返还额度	78	90	103	115	132	149	174	245	245	245
	36个月	优惠购机款	3699	3199	2699	2199	1699	1099	0	0	0	0
		预存款	2181	2681	3181	3681	4181	4781	5880	5880	5880	5880
		分月返还额度	60	74	88	102	116	132	163	163	163	163

新手解惑

Q：如何选择套餐？

A： 选择套餐首先应确定自己的月消费量，其次才是选择签订合约期限，如果你的月通话时长仅在4~5个小时左右，那么两年期或三年期的零元购机方案就可以排除。而如果你从事的是销售性质的工作，平时业务量较多，那么显然286、386元等套餐更为适合。其中一年期的186元套餐，在5 880元的基础上每月仅需补缴5元，便可享受到510分钟的通话时长、180条短信以及720MB的3G上网流量等服务，完全可以满足绝大多数用户的需求。

"购机入网送话费"补贴方案的裸机售价分别为4 999元、5 999元和6 999元，套餐月费从66~886元不等，合约期为两年。

预存话费送手机						购手机入网送话费					
iPhone 4S 16GB (黑/白)	套餐月费 (单位: 元)	66	96	126	156	186	226	286	386	586	886
iPhone 4S 32GB (黑/白)	手机零售价	4999元									
	月送话费金额	26	38	50	62	74	90	114	154	234	354
iPhone 4S	合约期	24个月									

4. 电信合约机

以前购买iPhone 4S的合约机，只能通过联通进行购买，现在电信也加入了合约机的行列，对于消费者来说不仅多了选择的余地，而且更多运营商的加入，促进了iPhone 4S的竞争，给予消费者的优惠也越来越大。

电信合约机独有的49元套餐创下了国内购机门槛新低，不过只有绑定两年合约或以上的才能选择该套餐。至于其他套餐的价格，电信合约机虽然在套餐月费、返还金额以及合约价等方面有所不同，但同级别的合约套餐和联通的售价基本持平。

合约期		预存话费送手机				购手机入网送话费						
		iPhone 4S 16GB (黑/白)				iPhone 4S 32GB (黑/白)			iPhone 4S 64GB (黑/白)			
	套餐月基本费(元)	49	69	89	129	159	189	289	389	489	589	889
	合约价(元)	5780										
36月	优惠购机价(元)	4199	3699	3299	2699	2199	1699	0	0	0	0	0
	预存话费(元)	1581	2081	2481	3081	3581	4081	5780	5780	5780	5780	5780
	前35个月分月返还(元)	43	57	68	85	99	113	160	160	160	160	160
	第36个月返还(元)	76	86	101	106	116	126	180	180	180	180	180
24月	优惠购机价(元)	4499	3999	3799	3399	3099	2899	1699	0	0	0	0
	预存话费(元)	1281	1781	1981	2381	2681	3081	4081	5780	5780	5780	5780
	前23个月分月返还(元)	53	74	82	99	111	128	170	240	240	240	240
	第24个月返还(元)	62	79	95	104	128	137	171	260	260	260	260
12月	优惠购机价(元)	-	4399	4299	4099	3899	3699	3199	2699	2099	1599	0
	预存话费(元)	-	1381	1481	1681	1881	2081	2581	3081	3681	4181	5780
	前11个月分月返还(元)	-	115	123	140	156	173	215	256	306	348	481
	第12个月返还(元)	-	116	128	141	165	178	216	265	315	353	489

Q：选择联通、电信还是移动？

A：移动暂时没有推出合约机，但在GSM时代，移动的市场占有率很高，因此许多老用户很不舍得放弃自己使用多年的手机号，对于这些不想更换号码的移动用户，则可以选择购买裸机，然后继续使用以前的移动号码。但从3G方面来说，联通有着强大的竞争力，并且3G速度很快；而电信则在资费的优惠幅度上有明显的优势，拥有更长的通话时间和更多的流量，用户可根据实际需要进行合理的选择。

1.4.3　购买注意事项

了解行货与水货及合约机的区别和购买渠道后，就可以准备购买iPhone 4S了。相对其他手机而言，iPhone 4S的售价并不便宜，而且因为人气很高，在市场上除水货外还大量充斥着翻新机、仿冒机和山寨机等，需要格外注意。

知识点拨

下面将介绍购买iPhone 4S时的注意事项。

1. iPhone 4和iPhone 4S的区别

根据前文的介绍可以发现，iPhone 4和iPhone 4S不管是硬件还是外观的区别都较小，而且iPhone 4同样可以将系统升级到与iPhone 4S相同的版本，即便开机检查也不一定能看出差别。但是iPhone 4与iPhone 4S的售价有近千元的差距，所以有部分不法商贩利用这一点，使用iPhone 4冒充iPhone 4S进行出售，以赚取差价。

■ 外观差别

虽然iPhone 4与iPhone 4S外观上区别较小，但是经过仔细比对后发现，iPhone 4S的静音键向下移了3毫米，并且在静音键上多了一个黑色条，SIM卡一侧也多了一条黑色条，耳机插孔附近的黑色条消失了。

■ 设备名称和Siri

将iPhone 4S连接电脑后电脑上会显示iPhone 4S图标。同时与itunes连接时手机中会显示iPhone 4S的信息。

如果手机已经激活，则可查看是否有Siri语音功能，虽然iPhone 4通过升级可以使系统版本与iPhone 4S相同，但iPhone 4并没有Siri语音功能。

2. 拒绝翻新机

与水货机不同的是，翻新机是回收别人使用过或报废后的手机，经过翻新处理，当做新机销售。这种翻新机不仅质量没有保障，而且所使用的配件可能不是原装产品，最重要的是一旦出现问题将不能得到售后的维修保障。

■ 外壳

新机外壳接合紧凑，缝隙处平整光滑，无毛刺。翻新机一般采用仿原装外壳，缝隙处不平整，有毛刺，使手机外壳上下两部分容易出现闭合不紧、留有很大缝隙的现象。另外还可认真观察后盖接缝处是否有打开过的痕迹，再看看机身下面的两颗螺丝是否有被螺丝刀触碰的痕迹。

■ 按键和数据线接口

翻新机多采用旧机器上的按键或仿照的按键，这种按键的共性是手感比较柔软，没有新机按键的韧性；由于充电器插头、数据线长期插拔的缘故，翻新机充电接口会出现难以消除的黑色划痕。

■ 开机检查

一台全新的iPhone 4S在第一次开机时，必须进行激活才能正常使用。第一次开机将进入"激活向导"界面，而不是含有多个图标的主屏幕。

■ 检查配件

虽然iPhone 4S才是用户主要购买的，但是配件也是必不可少的。行货iPhone 4S的配件包括充电器、数据线、耳机、说明书和使用手册等，在购买时，也应当注意检查配件是否完整以及配件是否为原装。

■ 价格

由于翻新机的零配件多为早期产品，质量较差，所以价格也低。如果遇到价格低得离谱而商家却称之为水货的手机，基本可以判定为翻新机。

■ 官方翻新机

这种翻新机是特例，一般是有问题的手机保修退回去，修理后再拿出来卖。官方翻新产品都会明确地在包装以及机身内部标示官方翻新机，它们相比正常销售的全新产品有着一定比例的折扣，在价格方面相对偏低，但保修期只有三个月。

3. 警惕山寨机

相对于水货机和翻新机来说，山寨机是最不能容忍的产品。水货机虽然渠道不同，但是基本是全新的；翻新机虽然是经过处理的产品，但还算是苹果手机；而山寨机则完全不是苹果手机。山寨机拥有的只是高仿的外表，但是手机所使用的硬件、配件和系统等都不是苹果生产的。

以往的山寨手机因为工艺不精、硬件低劣和系统功能弱等原因，使山寨手机只能做到外形相似，但是内部构造以及系统使用方法和支持的功能及软件等都有明显的差别。但随着时间的推移，现在的山寨机功能不仅越来越完善，可以做到外观、操作方式和系统界面等都与iPhone 4S十分接近，使得鉴别山寨机也越来越难。

因为山寨机种类繁多，而且外观极其相似，所以要鉴别山寨机除了对正品iPhone 4S有足够的认知度外，还可以通过检查串号（IMEI）等手段进行鉴别。

■ 什么是串号

串号（IMEI）是国际移动设备身份码的缩写，也称国际移动装备辨识码。串号由15位数字组成，通过与每台手机一一对应，该号码从生产到交付使用都被生产厂商所记录，具有唯一性。

■ 串号在什么位置

串号存储在手机的EEPROM里，可以在iPhone 4S配套的SIM卡卡托背面查看、在拨号界面输入"*#06#"、单击"设置"图标，在打开的界面中选择"通用/关于本机"命令等方式进行查看。另外，在前文中介绍如何鉴别行货手机时，新手机背面粘贴的标签中也包含有串号信息。同一部手机通过这4种方式查看到的串号应该是相同的，若不相同，则可能是水货或被不法商贩更换了配件的翻新机。

卡托上的串号

■ 串号验证方法

串号的查询可以在专卖店或售后服务中心进行查询，也可以通过访问如"http://www.apple110.com/"等网站，然后输入串号进行查询。如果真的苹果手机，其查询结果将包含购买时间、保修时间、销售地点、是否激活等信息，而山寨机则没有查询结果。

串号鉴别iPhone的真身技巧

通过串号后查询，若没有查询结果，可能是山寨产品；若购买时间早于你购买手机的时间，可能是翻新机；若销售地不是中国，可能是水货。所以通过串号的查询，能够很准确地验明手机的真身。

1.5　更进一步——使用iPhone 4S注意事项

通过阿伟的讲解，娜娜逐渐了解了iPhone 4S的特点、使用方法以及如何正确选购iPhone 4S。阿伟告诉娜娜，若想使用iPhone 4S还需注意如下事项。

第1招 有锁和无锁

iPhone 4S是一款通行世界的手机，几乎到哪里都可以使用，但是仍然要注意有锁和无锁。

有锁和无锁主要指能否使用任意运营商提供的SIM卡。无锁版的手机可以无障碍地使用多个运营商的SIM卡，而有锁版本的手机因为运营商的限制问题，使得被锁的手机只能限制使用某运营商或限制使用地点和限制使用网络。

如美版有锁只能使用AT&T的卡，日版有锁只能使用SoftBank的卡，在国内电信的合约机也属于有锁版，不能使用移动或联通的SIM卡。

第2招 蓝牙4.0

iPhone 4S所搭载的最新蓝牙4.0技术与以往的蓝牙技术相比，不仅速度更快、启动时间更短、功耗更低、应用范围更广，而且在扩大传输范围的同时，也使用了更加安全的加密技术。

但是作为iPhone 4S的用户需要注意的是，出于版权保护等问题，在iPhone 4S上使用蓝牙不能直接传输照片、音乐和应用软件等文件，只能用无线蓝牙耳机听音乐、共享无线网络等。所以对使用蓝牙传输文件有需求的用户需要特别注意。

1.6　活学活用

（1）认真观察每一代iPhone手机的外观特点，了解每一代iPhone的主要性能，最后列举出各代iPhone手机的差异。

（2）区别行货与水货、全新机和翻新机、正品机和山寨机、裸机和合约机，最后根据个人需求，购买一部iPhone 4S。

☑ 想知道剪卡的方法吗？

☑ 想知道如何激活iPhone 4S吗？

☑ 想知道如何灵活使用iPhone 4S吗？

☑ 想知道如何使用iPhone 4S与好友沟通吗？

第 02 章
感受iPhone 4S

　　经过阿伟的详细讲解，娜娜通过购买合约机的方式成功购买了一款联通版本的iPhone 4S，但因为是第一次使用iPhone 4S，很多地方还不是很明白，于是便找到阿伟请求帮助。阿伟接过娜娜的iPhone 4S看了看说道："你的iPhone 4S还没有激活，我先给你激活，然后再教你一些常用功能的具体操作方法吧。"听了阿伟的话，娜娜很高兴地说道："那太好了，我都等不及了！"

2.1 剪卡与安装

娜娜想将SIM卡装进iPhone 4S中，可是怎么也找不到装卡的地方，于是就问阿伟iPhone 4S的卡槽在哪里。阿伟回答说："你的SIM只是大卡，是不能直接使用的，需要先剪卡才能使用。"

2.1.1 为何要剪卡

从iPhone 4为了追求更大的内部空间和设计尺寸，便开始使用Micro-SIM卡，作为iPhone4的升级版iPhone 4S，同样也使用了Micro-SIM卡。

1. 大卡与小卡的区别

Micro-SIM卡也被称为USIM卡，与传统的SIM卡相比，iPhone 4和iPhone 4S所使用的Micro-SIM卡要小一点，也就是人们常说的小卡。除外观大小外，Micro-SIM卡与传统的SIM卡相比，在功能上并没有太多的区别。

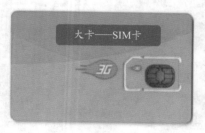

2. 什么情况需要剪卡

iPhone 4S本身只能使用Micro-SIM卡，如果想在iPhone 4S上使用SIM卡，则需将SIM卡进行剪卡，将SIM卡变为小卡，方便在iPhone上使用。

2.1.2 剪卡的方法

剪卡的方法有多种，可以使用专业的剪卡工具，如剪卡钳或剪卡器进行剪卡，也可以使用普通的剪刀进行剪卡。

1. 专业剪卡器

为了能方便地进行剪卡，有商家推出了专业的剪卡器，其中剪卡钳和剪卡器是最为常用的工具之一。使用剪卡器或剪卡钳进行剪卡的方法是将SIM放置在剪卡钳或剪卡器的卡槽中，然后用力捏剪卡钳或压剪卡钳即可轻松地完成剪卡。

剪卡钳

剪卡器

2. 使用剪刀剪卡

使用剪卡钳或剪卡器进行剪卡的方法虽然简单，但这两种工具需要单独购买，在没有这两种工具的情况下，还可通过剪刀等工具进行手动剪卡。

下面以使用剪刀将SIM卡裁剪为Micro-SIM卡为例，讲解剪卡的过程。

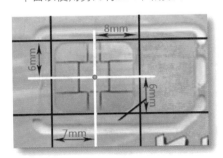

第1步：标线

首先确定SIM卡芯片区的中心点，然后以中心点为基准，测量出四边的边距，再用铅笔和直尺在SIM卡芯片区四周绘制出裁剪用的辅助线。

第2步：裁剪

将线标注完成后，使用锋利的剪刀沿着绘制的辅助线进行裁剪即可。

提示：裁剪过程中可能会裁到一部分芯片区，但无关紧要，只要误差不大于0.5mm将不影响使用。在裁剪时稍微少剪一点，最后使用砂纸进行打磨。

教你一招

在普通手机中使用Micro-SIM卡

将SIM卡裁剪成小卡后，虽然能在iPhone 4S
中使用，但当手机没电，又需要拨打电话时
就不能像普通手机一样将SIM卡取出后安装
到其他手机中进行使用。为了解决这个问
题，可以购买相应的卡托，将小卡转换为大
卡即可。

2.1.3　如何装卡

iPhone 4S的卡槽在机身的侧面，只能放置Micro-SIM卡或裁剪后的SIM卡。安
装SIM卡时需要将购买手机时配送的回形针插入卡槽盖子上的小孔中，并用力往里
推，弹出卡托，然后将卡放在卡托中，再将卡托推到卡槽中即可。

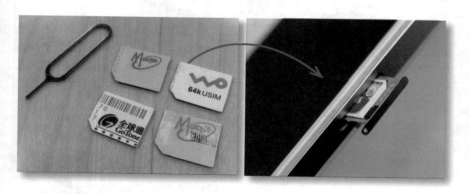

跟我练习

裁剪SIM卡，并将裁剪后的SIM装入iPhone 4S中

在商店中购买一把剪刀，然后将自己的SIM卡裁剪成iPhone 4S能正常使用
的大小，并将裁剪后的SIM卡装入iPhone 4S中。

2.2 激活iPhone 4S

"阿伟，为什么我将卡正确地装进iPhone 4S，开机后还是不能直接使用呢？"阿伟拿过娜娜的手机，然后快速地在屏幕上进行操作，并对娜娜说道："第一次使用iPhone 4S是需要激活的，iPhone 4S可以直接在手机上激活，而以前的iPhone则需要通过电脑进行激活。"

下面将激活成功安装Micro-SIM卡后的iPhone 4S。

第1步：解锁

启动iPhone 4S，在屏幕下方显示一个名为configurare的滑条，将滑条上的滑块从左至右进行滑动，将iPhone 4S解锁并打开激活向导。

提示：初次使用iPhone 4S时，电量可能不足，所以在激活的过程中可以接上充电器，保证激活过程中电源充足。

第2步：设置语言

在打开的界面中点击"简体中文"选项，然后点击"下一步"按钮➡️，将弹出一个提示框，提示正在设置语言。

提示：在该界面中提供了多种语言，用户可根据自身语言能力选择不同的语言。

语言设置完成后，打开"国家或地区"界面，点击该界面最下方的"显示更多…"选项，在打开的菜单中点击"中国"选项，然后点击 下一步 按钮。

提示 ：因为国家或地区很多，不能在一个界面全部显示，如果在打开的界面中没有需要的选项，则需要滑动屏幕来显示其他选项。

第4步：定位和网络

点击"定位服务"界面中的"启用定位服务"选项，点击 下一步 按钮，在打开的"无线局域网络"界面中继续点击 下一步 按钮。

提示 ：如果已经接入3G网络，在激活过程中不需要再设置其他网络，跳过"无线局域网络"的设置，直接进入下一步操作。

第5步：**设置iPhone**

在"设置iPhone"界面中选择"设置为新的iPhone"选项，点击 下一步 按钮，在打开的Apple ID界面中点击"跳过此步骤"超链接，在打开的对话框中点击 跳过 按钮。

提示：关于Apple ID的注册方法将在后面的章节中进行介绍，这里可以不用注册，因此跳过此步骤。

第6步：**同意条款并拒绝诊断**

点击"条款和条件"界面的 同意 按钮，在打开的对话框中点击 同意 按钮，打开"诊断"界面，点击"不发送"选项，然后点击 下一步 按钮。

第7步：完成激活

完成以上步骤后，打开"谢谢你！"界面，表示iPhone 4S已经被成功激活，点击屏幕下面的 开始使用 iPhone 按钮即可开始使用iPhone 4S。

2.3　简洁却不简单的界面

成功激活iPhone 4S后，娜娜首先熟悉了一下iPhone 4S的操作界面，然后对阿伟说道："我发现iPhone 4S的界面和一般的手机不同，没有桌面和功能界面的区分。"阿伟回答说："观察得很仔细，iPhone 4S的界面确实和其他手机有所不同。"

▌2.3.1　iPhone 4S的界面

与其他手机相比，其他大部分手机都有桌面，须通过按键才能进入功能或软件列表，而iPhone 4S没有类似的桌面，直接进入系统后便包含功能及软件的主屏幕。

激活并启动iPhone 4S后，即可进入iPhone 4S的主屏幕。该主屏幕分为3个区域，分别是状态栏、功能及软件区和停靠栏组成。

如果包含多个功能及软件屏幕，可左右滑动进行屏幕的切换，当在第一屏幕向右进行滑动时，可以切换到搜索屏幕中。

下面将介绍iPhone 4S主屏幕以及搜索屏幕中各部分的名称及作用。

1 状态栏：该状态栏与一般手机的状态栏类似，主要用于显示信号强度、时间和电池等信息。其左侧的 ▄▄▄、中国联通和 🛜 图标分别表示当前手机的信号强度、运营提供商和手机正在通过WiFi连接网络，右侧的 ✈ 和 🔋 图标分别表示当前已经启动了GPS定位和手机正在充电。另外，除在使用个别功能及应用软件外，状态栏都将显示在屏幕上方。

2 功能及软件区：该区域包含多个图标，每个图标分别表示不同的功能及软件，点击不同图标可分别开启不同的功能或软件。通常手机中包含有很多个功能和软件，使得同一个屏幕下不能完整显示所有功能和软件，所以iPhone 4S包含多个主屏幕。当包含多个屏幕时，将会在功能及软件区下方出现小圆点，一个小圆点表示一个主屏，通过左右滑动可自由切换屏幕。

3 停靠栏：停靠栏又叫DOCK栏，与Windows操作系统中的快速启动栏类似，此处可以放置4个图标。当切换主屏幕时，该栏将不会进行切换，用于快速启动常用的功能或软件。

4 搜索栏：向右滑动主屏幕可以转到搜索屏幕，在该屏幕的搜索栏中输入关键字，可搜索到手机中所有符合关键字的应用软件、邮件、信息、联系人、音乐和视频等内容，其搜索结果将显示在搜索栏下方。

5 虚拟键盘：虚拟键盘不仅在搜索屏幕中会出现，当需要输入内容，如编辑信息、邮件和联系人等内容时都会出现虚拟键盘，方便用户在手机中输入各种信息。具体的输入技巧将在2.4节中进行介绍。

2.3.2 调整主屏幕的图标

iPhone 4S没有桌面，取而代之的是多个主屏幕和搜索屏幕，其中主屏幕的数量和每个主屏幕中包含的图标都是不同的。iPhone 4S主屏幕常由11个部分组成，通过左右滑动屏幕可自由切换主屏幕，而通过长按及拖动的操作又可自定义每个屏幕中包含的图标及图标的位置。

动手 一试

下面将通过滑动操作切换主屏幕，然后再使用长按和拖动图标的操作调整屏幕中图标的位置。

第1步：切换主屏幕

使用手指按住主屏幕的功能及软件区不放，并向左进行滑动，此时主屏上的图标将跟随手指滑动的方法向左移动，同时下一个主屏的图标将移动到当前屏幕中，最后释放手指即可完成主屏幕的切换。

提示：如果有多个主屏幕，可连续使用滑动操作进行切换，状态栏和停靠栏因为不需要切换，因此无法在状态栏和停靠栏中通过滑动操作来切换主屏幕。

第2步：移动图标位置

使用手指长按需要移动的图标并持续一段时间，如这里长按"计算器"图标，当所有图标开始晃动时，将图标拖动到需要的位置，再释放手指即可移动该图标的位置，最后按一下手机上的Home键，图标将停止晃动，完成图标移动的操作。

提示：停靠栏中的图标只能放置4个，虽然不能进行左右滑动操作，但也可进行移动，通过移动可将停靠栏中的图标换成其他常用的图标。

提示：此处使用到了滑动、长按、拖动等操作，还使用了Home键，关于这些操作的具体作用和方法将在2.4节中进行详细的介绍，这里主要熟悉主屏幕中图标的移动方法。

2.3.3 功能界面

iPhone 4S主屏幕上的图标都表示特定的功能或软件，点击任意一个图标即可启动相应的功能或软件，虽然不同的功能或软件其具体功能及作用有所不同，但其操作方法基本相同。

下面通过主屏幕中启动不同的功能和软件为例，讲解iPhone 4S的工作界面。

第1步：查看设置界面

点击主屏幕上的"设置"图标，打开"设置"界面，在该界面中显示了关于手机中各项功能及软件的一些设置选项。

第2步：查看"定位服务"功能

点击"设置"界面中的"定位服务"选项，然后在打开的界面中点击其中的切换按钮即可开启或关闭定位服务。

第3步：查看"照相"功能

点击"设置"图标，返回主屏幕，点击"相机"图标，则可启动iPhone 4S的照相机功能，在该界面中点击按钮便能完成拍照。

提示：虽然"相机"界面和"设置"界面不相同，但是基本的操作方法类似，都是通过点击进行的。

2.4　iPhone 4S的使用技巧

由于是第一次使用iPhone 4S，娜娜并不熟悉其具体的操作技巧，于是便向阿伟求助。阿伟告诉娜娜说："我在向你介绍手机界面时使用了Home键以及点击、长按和滑动等操作，接下来就给你讲讲按键和操作的具体作用和使用方法。"

2.4.1　按键使用技巧

iPhone 4S上的实体键只有5个，虽然数量较少，但每个按键都具有重要意义，是iPhone 4S的重要组成部分。在使用iPhone 4S前，应熟悉这几个键的具体作用。

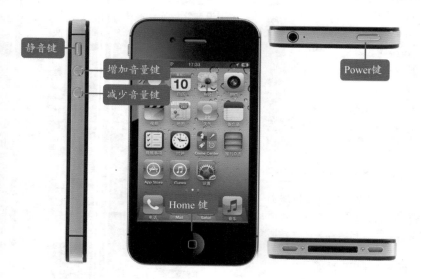

下面介绍iPhone 4S所有按键的作用。

■ 静音键：该按键是一个切换键，用于快速在手机铃声和振动之间进行切换，也可看做是在标准模式和会议模式之间进行切换。

■ 增加音量键：该键主要用于增大音量。另外iPhone 4S对该键添加了一个新功能，即在拍照模式下，可以按增加音量键进行拍照，方便横置手机时的拍照操作。

■ 减少音量键：该键的作用与增大
音量键相反，主要用于减少音量。

■ Home 键：主要用于唤醒手机、
退出程序和启动Siri。当手机处
于休眠状态时，按一次可唤醒屏
幕；在程序运行过程中，按一次
该键可退出程序并切换到手机主
屏幕；快速按两次该键可在屏幕
下方打开任务栏，用于显示最近
使用的程序或工具；按住Home
键不放，持续一段时间后，则可
快速启动Siri。

■ Power 键：主要用于锁定手机和
开关手机。当手机处于休眠状态
时，按一次Power键可唤醒屏幕；
在使用手机过程中按一次该键可
锁定手机；按住该键3秒，将出现
一个滑块，滑动滑块可关机。

教你一招

iPhone 4S的组合键

iPhone 4S包含的5个键中每一个按键都有单独的功能，但也可通过组合的
方式，实现一些单一按键不能实现的功能。

自动重启：当iPhone 4S死机或软件无法退出时，可同时按住Power键和
Home键8秒不放，出现苹果Logo便可重新启动手机。

截屏：在iPhone 4S开机的状态下，同时按Power键和Home键，然后松开，
屏幕将会白屏一段时间，并出现相机拍照的声音，表示iPhone 4S当
前的屏幕被截取，截取得到的图像自动保存在相片库中。

2.4.2 触屏的使用方法

在介绍调整iPhone 4S主屏幕的图标时，使用了滑动、长按和点击等操作，除这些操作外，还有一些其他常用的操作，如使用触屏进行调整。

1. 操作手势

因为iPhone 4S使用的是电容屏，并没有实体键盘，其大部分操作是使用手指在屏幕上进行的，其操作的手势主要有点击、滑动、拖动、长按和放大/缩小等。

下面介绍屏幕手势主要的使用方法。

■ **点击**：点击是使用手指在iPhone屏幕上轻触一下便放开的手势，是iPhone最为常用的手势，主要用于选择、运行程序、设置选项和输入内容等操作。

■ **滑动**：滑动是使用手指在iPhone屏幕上进行滑动的操作，主要用于解锁、切换屏幕等操作。

■ **拖动**：拖动与滑动类似，也是使用手指在屏幕上进行滑动的操作。但不同的是，拖动可以朝任意方向进行拖动，主要用于浏览网页、打开通知中心和移动图标等操作。

■ **长按**：长按是按住屏幕并持续一段时间的操作，主要用于选择文本、删除和关闭程序等操作。

■ **放大/缩小**：与前几个手势不同的是，前几个手势只用一个手指，而放大/缩小需要使用两个手指同时向相反的方向进行拖动。主要用于放大图片或网页等操作。

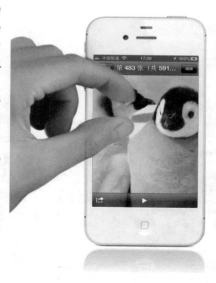

■ **旋转**：除了按键外，还可使用旋转操作，该操作不需触摸屏幕，只需要旋转手机本身就能使手机中的画面做出相应的旋转。主要用于浏览网页、查看照片等。

■ **晃动**：与旋转操作类似，晃动操作同样不需要触摸屏幕，只需要握住手机来回晃动。主要用于撤销或恢复文字、部分游戏的特殊操控等。

教你一招

缩放屏幕

因为iPhone 4S部分字体较小，对于视力不是很好的人来说并不容易观看，因此iPhone 4S提供了屏幕缩放的功能。可通过点击主屏幕上的"设置"图标 ![icon]，进入"设置"界面，点击"通用/辅助功能/缩放"命令，在打开的"缩放"界面中点击"缩放"后面的 ![按钮] 按钮，当该按钮变为 ![按钮] 时，则表示该功能被开启。此时使用3个手指同时在屏幕上连续按两次便可对屏幕进行缩放操作。

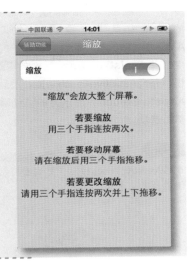

2. AssistiveTouch

该功能是iPhone 4S新添加的一个手势辅助功能，用于对手机进行辅助控制。

开启该功能的方法是：点击"设置"图标 ![icon]，进入"设置"界面，点击"通用/辅助功能/AssistiveTouch"命令，在打开的AssistiveTouch界面中点击AssistiveTouch后面的 ![按钮] 按钮，当其变为 ![按钮] 时开启该功能。开启该功能后，屏幕上将出现 ![按钮] 按钮，点击该按钮便可打开AssistiveTouch菜单。

AssistiveTouch的主要作用是模拟iPhone 4S的实体键，也可通过自定义手势达到使用一根手指来进行多个手指的操作，以便在简化操作的同时，能帮助手有残疾的用户更好地使用iPhone 4S等。

动手一试

使用AssistiveTouch中的自定义手势功能定义一个移动图标的手势，并使用自定义的手势来移动图标。

第1步：启用AssistiveTouch

点击"设置"图标 ，在打开的界面中点击"通用/辅助功能/AssistiveTouch"命令，在打开的界面中点击AssistiveTouch后面的 按钮，开启AssistiveTouch功能。然后点击AssistiveTouch界面下方的"创建新手势"选项。

提示 ：使用自定义手势功能前必须先开启AssistiveTouch功能，然后才能创建并使用自定义手势。

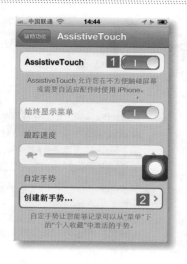

第2步：新建手势

在打开的"新建手势"界面的编辑区中长按一个位置并向右拖动，松开手指后即完成手势的录入，然后点击 按钮。然后再在打开的对话框中通过虚拟键盘输入"移动"文字，最后点击 按钮，存储录入的手势。

提示 ：移动图标的方法是先长按一个图标，当图标开始晃动时再向需要的方向进行拖动操作，到达合适的位置后再松开手指即可。

第3步：打开新建手势页面

按Home键返回主屏幕，点击屏幕上的
▢按钮，在打开的菜单中点击"个人收
藏"图标★，在打开的菜单中点击"移
动"按钮★，将在屏幕上出现一个○图
标，然后点击屏幕中任意一个图标，如
Game Center图标✦，即可自动将该图
标进行向右移动的操作。

提示：点击"个人收藏"图标★，在
打开的菜单中点击■按钮，也能打开"自
定手势"页面。自定义手势功能可录制多
个手势动作，使用户只点击一次便自动完
成复杂的操作。

新手解惑

Q：如何删除创建的手势？

A：自定义手势最多只能保存7个，当不
需要自定义手势时，可将其删除。其方
法是打开AssistiveTouch界面，在"自定
手势"栏中显示了创建的自定手势，在
需要删除的手势上进行滑动操作，在该
手势后将出现■按钮，点击该按钮将其
删除即可。

▌2.4.3 输入文本的相关技巧

输入文本作为手机的一个基本功能，是所有用户都需要使用的，如收发短信、编辑联系人、搜索内容等都需要进行文本的输入。

在介绍搜索屏和新建手势时使用了虚拟键盘来输入文字，下面就介绍iPhone 4S中常用的输入技巧。

■ **切换输入法**：点击键盘上的■按钮，即可在手机中的输入法之间进行切换操作；如长按该图标，即可在弹出的菜单中选择需要的输入法。

■ **输入汉字**：将输入法切换到简体拼音输入法后，点击相应的字母输入汉字对应的拼音，然后选择相应的文字即可输入汉字。

■ **输入英文**：将输入法切换到English状态（US），然后点击相应的字母即可输入英文。点击■按钮，可以输入大写的英文。

■ **手写输入**：除了拼音输入外，直接在屏幕上书写也能输入文本，且iPhone 4S的手写识别率很高，即便是潦草的连笔字也能正确识别。其方法为：点击键盘上的■按钮，切换到简体手写输入，然后在编辑区中使用手指在屏幕上写出需要的文字即可。

■ **输入数字和标点符号**：点击■按钮，即可将键盘切换到数字和标点符号键盘，此时点击键盘上的■按钮，可打开更多的标点符号键盘。

教你一招

使用复制、剪切与粘贴输入文本

为了提高输入文本的速度，复制、剪切和粘贴等操作是必不可少的。

剪切和复制：长按输入区即可在文字上方弹出菜单，其中包含"选择"、"全选"、"粘贴"等；点击"选择"或"全选"命令后对于选择的文字，其菜单将变为"剪切"、"拷贝"、"粘贴"等命令，此时点击相应的"剪切"或"拷贝"命令即可输入文本。

粘贴：剪切或复制内容后长按输入区，在弹出的菜单中点击"粘贴"命令即可。

跟我练习

创建一个新手势，并命名为放大

使用AssistiveTouch中的自定义手势功能，在新建手势的编辑区中同时使用两个手指向外拖动，然后存储新建的手势，并将其命名为"放大"，最后在浏览网页和图片时使用该手势放大浏览的内容。

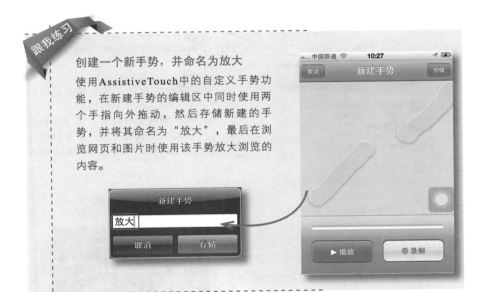

2.5　iPhone 4S的常用设置

娜娜根据阿伟的讲解对手机进行了一系列操作，看着越来越熟练的娜娜，阿伟继续对娜娜说："虽然iPhone 4S的默认设置已经能满足大部分用户的需要，但为了满足不同用户的使用习惯，还可以对手机的部分功能进行设置。"

▌2.5.1　飞行模式

飞行模式并不是指iPhone 4S可以在空中飞行，它又叫航空模式，用户在乘坐飞机时必须关闭手机，以免手机信号的发射和接收对飞机飞行造成影响，而飞行模式则可以在开机状态下关闭SIM卡的信号收发装置功能。

开启飞行模式的方法是在主屏幕上点击"设置"图标，进入"设置"界面，点击"飞行模式"后面的按钮即可开启该模式。开启飞行模式后，屏幕左上角的网络提供商和信号等标识将变为图标，同时关闭手机所有的网络连接，包括电话信号、无线信号、蓝牙信号和GPS信号等。

提示：飞行模式主要在不能使用手机和不想使用手机网络功能，但又不想关机的情况时使用，因为手机信号可能影响飞机飞行和医院中精密仪器的工作或在夜晚睡觉时可能会对人体产生辐射等。

▌2.5.2　设置通知

iPhone 4S新增加的通知功能是很实用的，能方便快捷地查看手机中的信息，因此对通知进行设置能更好地体验该功能带来的便利。

当没有新的通知时，通知中心默认只有本地天气和股票的信息。

　　设置通知的方法为：点击"设置"图标，在打开的界面中点击"通知"选项即可进入"通知"界面，其中各项功能及软件的设置方法均相同。下面以Game Center功能为例，介绍"通知"界面中各选项的设置方法和作用。

■ 开启和关闭通知中心：在"通知"界面中点击Game Center选项，在打开的界面中点击"通知中心"后面的 按钮即可开启或关闭该功能设置通知中心中显示信息的方式。

■ 提醒样式：当有消息时将在手机屏幕上弹出横幅或对话框，如需关闭该功能点击"无"选项即可。

■ 其他设置：在"通知"界面还可进行其他设置，如设置显示应用程序的图标标记、开启声音及在锁屏状态下显示提醒等。

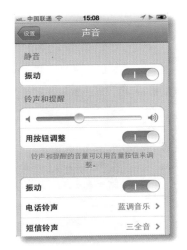

2.5.3　更改声音

　　通过设置不同的声音，不仅能将来电、短信和邮件等进行区分，还能体现手机不同的个性。

　　点击"设置"图标，在打开的界面中点击"声音"选项进入"声音"界面，该界面中的第一个"振动"选项表示是否在静音模式下开启振动；第二个"振动"选项表示是否在响铃时开启振动；"铃声和提醒"栏则为铃声大小和是否使用按钮对铃声大小进行调节。

下面将在"声音"界面中将"马林巴琴"铃声修改为"蓝调音乐"。

第1步：**选择电话铃声**

点击"设置"图标，在打开的界面中点击"声音"选项，在打开的"声音"界面中点击"电话铃声"选项。

提示：如果需要设置其他声音，只需在该界面中点击其他选项，然后在打开的界面中进行点击即可。

第2步：**选择声音**

转到"电话铃声"界面中，点击"蓝调音乐"选项，当该选项后面出现✓图标后，表示设置成功。

提示：默认情况下只能选择自带的铃声，关于自定义铃声的方法将在第04章中进行讲解。

2.5.4 设置亮度和墙纸

设置屏幕的亮度可以在最舒适的环境下使用iPhone 4S，而设置墙纸则可自定义屏幕的背景。

设置亮度只需在"设置"界面中点击"亮度"选项，在打开的"亮度"界面中拖动滑块即可。如果打开"自动亮度调节"功能，可让iPhone 4S根据当前环境的光线强度自动调节屏幕亮度。

设置墙纸是在"设置"界面中点击"墙纸"选项，在打开的"墙纸"界面中进行相应选择即可。

下面将对iPhone 4S的墙纸进行修改，使其从默认的墙纸变为枫叶图案的墙纸，并同时将枫叶图案修改为锁屏状态下的图案。

第1步：打开"墙纸"界面

点击"设置"图标，在打开的界面中点击"墙纸"选项进入"墙纸"界面，在该界面中可以预览当前使用的墙纸效果，点击该预览效果，在打开的界面中点击"墙纸"选项。

提示：点击"墙纸"选项，打开系统自带的"墙纸"界面，点击"相机胶卷"选项则可以在相册中选择图像来设置墙纸。

第2步：选择电话铃声

在打开的界面中点击"枫叶"图案，打开"墙纸预览"界面，并在该界面中点击 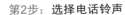 按钮。

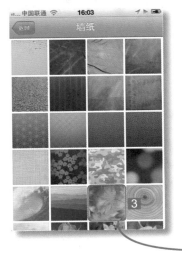

第3步：同时设定

此时，在弹出的菜单中点击
[同时设定]按钮，即可将所选图案同
时设定为主屏幕和锁定屏幕的墙纸。

提示 ：若在该菜单中点击
[设定锁定屏幕]或[设定主屏幕]按钮可
以分别设置主屏幕和锁定屏幕的墙纸。

跟我练习

将拍摄的照片设置为墙纸

去户外寻找喜欢的花朵，点击主屏
幕上的"相机"图标 ◎，进入"拍
照"界面，拍摄寻找到的花朵。完
成拍摄后，点击"设置"界面中的
"墙纸"选项，在打开的界面中点
击预览效果，再在打开的界面中点
击"相机胶卷"选项，找到拍摄的
花朵，最后将其设定为主屏幕和锁
定屏幕的墙纸。

2.6 通 讯 录

"太漂亮了！"娜娜熟悉手机基本操作并设置手机墙纸后，不禁感叹iPhone 4S
的界面实在是漂亮了。看着兴高采烈的娜娜，阿伟说道："再漂亮的手机不能拨打
电话也没有任何实际用处，在打电话之前还需要先添加通讯录，存储好友的联系方
式。下面就先讲讲通讯录的使用方法吧！"

▌2.6.1 输入联系人

新建联系人是指将好友的联系方式输入到通讯录中，通过通讯录中的"新联系
人"界面可以很容易地将好友的联系方式添加到通讯录中。

下面将打开通讯录，并在其中添加一个好友的联系方式。

第1步：打开"新联系人"界面

点击主屏幕上的"通讯录"图标，在打开的"所有联系人"界面中点击右上角的＋按钮，打开"新联系人"界面。

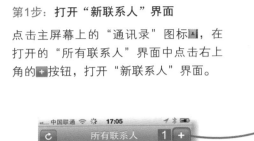

第2步：输入联系人信息

在界面对应的位置输入好友的姓氏、名字、移动电话等信息后点击左侧的"添加照片"图标，在弹出的菜单中点击"选取照片"命令选择照片，在"移动和缩放"界面中调整所选图片的位置和大小并点击 选取 按钮添加照片，最后点击 完成 按钮来保存新建的联系人。

提示：新建联系人时，可对联系人单独设置电话铃声和短信铃声，其方法为：在"新联系人"界面下方点击"电话铃声"或"短信铃声"选项，然后在打开的界面中进行选择即可。

2.6.2 编辑联系人

联系人保存完成后，可能会出现不小心将联系人信息输入错误或更换联系人联系方式等情况，此时则需要对其进行编辑。

点击主屏幕上的"通讯录"图标，在打开的界面中选择联系人，在打开的"联系人"界面中点击右上角的 编辑 按钮，然后使用与输入联系人相同的方式即可对其进行编辑。如果不需要该联系人，可点击页面最下方的 删除联系人 按钮，将该联系人删除。

2.6.3 导入SIM卡通讯录

如果联系人太多，一条一条地输入联系人的信息不仅浪费时间，还很消耗精力，此时如果SIM卡内包含有联系人信息，可通过简单的操作将其导入到iPhone 4S中。

将联系人从SIM卡通讯录导入手机通讯录的方法为：点击"设置"图标，在打开的界面中点击"邮件、通讯录、日历"选项，然后在打开的界面中点击 导入 SIM 卡通讯录 按钮即可开始自动导入。

跟我练习

添加所有联系人到通讯录
首先使用导入SIM卡通讯录的功能将联系人信息导入通讯录，然后再手动添加SIM卡通讯录中没有的联系人，最后查看手机通讯录中添加的联系人。

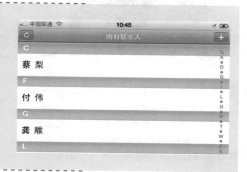

2.7 电 话 沟 通

"导入SIM卡通讯录的功能太好用了！"娜娜将通讯录导入完成后，又产生了新的疑惑，于是便问阿伟："iPhone 4S是全触屏的手机，没有键盘要怎么给别人打电话呢？"听了娜娜的提问，阿伟回答道："这个问题不用担心，iPhone 4S提供了实用的电话中心，可以很方便地拨打电话。"

▌2.7.1 拨打普通电话

使用iPhone 4S拨打电话很简单，只需在iPhone 4S提供的拨号键盘上输入需要的号码或点击联系人的号码即可。

1. 拨号通话

点击主屏幕下方的"电话"图标，在打开的拨号键盘上输入对方的号码，最后点击 按钮即可打开通话界面并拨出电话，当对方接通电话时便可以开始对话。通话时，如果将手机靠近耳朵，屏幕将会自动关闭，因此应让手机与耳朵保持一定距离。

通话结束后点击下方的 结束 按钮即可结束通话。

拨号界面

通话界面

提示：如果通讯录中存储了需要拨打的电话，在通话界面将显示对方的名字；若设置了联系人的头像，还能将通话界面的背景变为联系人的头像。

知识点拨

下面是通话界面中各个按钮的作用。

■ "静音"按钮：将自己的声音禁止，但能听到对方的声音。

■ "拨号键盘"按钮：用于在通话中拨打分机或需要输入数字时使用。

■ "免提"按钮：将对方的声音从扩音器中放出，免持听筒。

■ "添加通话"按钮：可在通话中呼叫其他联系人。

■ FaceTime按钮：可向对方发起FaceTime通话请求。

■ "通讯录"按钮：打开通讯录，查看联系人信息。

2. 通过通讯录拨号

每次都手动输入对方的号码不仅麻烦，
而且如果输入的号码不正确还会导致拨号
错误。

在通讯录中点击联系人，在打开的界
面中点击联系人的号码可呼叫该联系人。

3. 接听和拒绝电话

接听和拒绝电话分为两种情况，分别是在使用的过程中和锁定状态下有来电。

如果在手机使用过程中有来电，只需要点击
或 按钮即可。

若手机在锁定状态有来电，其接听将以滑块
的方式呈现，需要移动滑块来接听对方的电话。
且屏幕上没有拒绝接听的选项，快速按两次Power
键可拒绝接听。若只按一次Power键或音量键，将
不会拒绝接听，而是转入静音状态。

▌2.7.2 FaceTime——视频通话

视频通话一直是人们梦寐以求的功能，而iPhone 4S提供的FaceTime功能便能轻松地进行视频通话。

连接任意两部支持FaceTime的设备，只要轻轻地点击一下按钮就可以直接进行视频通话，如与亲朋好友挥手问好、向地球另外一端的人相视微笑、向好友分享股市并看他开心大笑等。

下面将对FaceTime的激活和使用方法进行讲解。

1. 激活FaceTime

打开"设置"界面，点击FaceTime选项，打开FaceTime界面并点击FaceTime后面的 ⬤━ 按钮开启该功能，然后点击下方的"使用Apple ID登录FaceTime"选项，在打开的界面中输入Apple ID账户信息即可。

添加电子邮件

FaceTime的通话方式可以是电话或电子邮件，而电子邮件可以点击"添加其他电子邮件..."命令，在打开的界面中输入新的电子邮件再对其进行验证即可。

2. 使用FaceTime与联系人进行视频通话

启用FaceTime后，在WiFi环境下就可以与同时启用了FaceTime的联系人进行视频通话了。

动手一试

下面将通过FaceTime功能与同时启用了FaceTime功能的联系人进行视频通话。

第1步：发出FaceTime请求

打开通讯录，选择联系人，在联系人界面中点击FaceTime选项，发起FaceTime请求。发出请求后，手机将自动启动前摄像头，并在屏幕上显示前摄像头拍摄到的画面。

第2步：对方接受请求

发出FaceTime请求后，在对方的手机上将产生类似来电的提示，同时启动前置摄像头，显示前摄像头拍摄到的画面，点击 按钮即可开始FaceTime通话。

提示：在通话过程中点击"通话"界面上的 按钮可结束通话，并转到FaceTime；在FaceTime通话过程中若点击屏幕右下方的 按钮，可以启动后摄像头，并将画面切换到后摄像头所拍摄到的画面。

2.8 信 息 中 心

"iPhone 4S的FaceTime功能真的很便利啊!"娜娜不停地把玩着iPhone 4S,并对阿伟说道:"虽然通话和FaceTime功能都很实用,可有时候我需要发送文字信息,iPhone 4S发送信息的功能与其他手机有什么差别吗?"阿伟回答说:"最主要的差别是界面和操作方法不同,具体差别看我演示一次你就知道了!"

▌2.8.1 发送普通信息

虽然直接拨打电话很方便,但是信息的收发操作也是手机必不可少的功能之一。信息收发功能越强大,用户的操作也越简便。

下面将在iPhone 4S中新建信息并进行发送,当收到对方的信息后再进行回复。

第1步:打开"信息"界面

点击主屏幕上的"信息"图标 ,在打开的"信息"界面中点击右上角的 按钮。

提示:在"信息"界面中可以看到所有的信息记录,点击需要查看的记录可以查看其详细内容。

第2步:添加联系人并输入信息

打开"新信息"界面,点击"收件人"栏后面的 按钮,在打开的"所有联系人"界面中选择联系人后返回到"新信息"界面,点击"文本信息"输入框,并在其中输入信息内容,最后点击 按钮发送信息。

提示:在"收件人"栏中可以直接输入对方的手机号码,也可以添加收件人;选择联系人后再点击 按钮,还可以继续添加联系人,使信息同时发送给多个联系人。

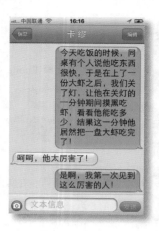

第3步：收取并回复信息

成功发送信息后，发送的信息将在界面右侧以绿色背景进行显示。当对方收到信息并回复后，其回复的内容将以白色背景显示在界面左侧，此时在该界面中可继续输入信息并发送。当发送的信息过多时，向下拖动信息内容可隐藏虚拟键盘。

教你一招

发送彩信

普通的信息只能发送文字，而彩信则可以发送照片或录像。

技巧1：在"新信息"界面中点击"文本信息"输入框左侧的◎按钮，点击"选取现有的"选项，在打开的"照片"界面中选择并添加照片，最后点击 按钮，此信息将以彩信的方式进行发送。

技巧2：在"新信息"界面中点击◎按钮后点击"拍照或录像"选项，可打开摄像头进行拍照或录像，最后发送所拍摄的结果即可。

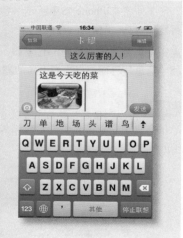

▌2.8.2　iMessage

　　iMessage是苹果的即时通信功能软件，能够在iOS 5、Mac OS X 10.8等系统的设备之间发送文字、图片、视频、通讯录以及位置信息，并支持多人聊天等。iMessage只需要通过WiFi或3G网络进行数据支持就可以完成通信。

　　iMessage与FaceTime都是苹果公司提供的免费通信方式。激活iMessage的方法与激活FaceTime的方法类似，在"设置"界面中点击"信息"选项，在打开的界面中点击iMessage右侧的 按钮，然后登录Apple ID即可。

使用iMessage发送信息的界面和操作方法与发送普通信息类似，只是 发送 按钮和发送的信息内容为蓝色而不是绿色，同时"文本信息"栏将变为iMessage栏。

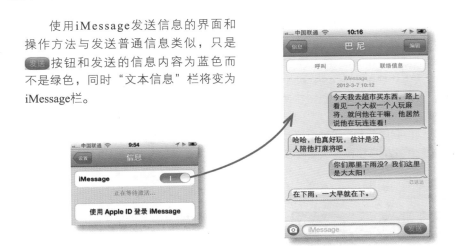

2.9 更进一步——使用iPhone 4S小妙招

娜娜学会了iPhone 4S的基本使用技巧后非常高兴，此时阿伟告诉娜娜，关于iPhone 4S还有以下几点技巧需要掌握。

第1招 增加键盘

iPhone 4S不仅可以输入汉字、数字和英文等内容，还可以通过添加键盘的方式增加更多的输入法。其方法是打开"设置"界面，点击"通用/键盘/国际键盘/添加新键盘"命令，在打开的界面中选择需要的语言即可完成添加。

提示：若需要删除键盘，只需点击"键盘"界面右上角的 编辑 按钮，此时将在添加的键盘选项前出现●图标，点击该图标，再点击其对应的键盘选项后会出现 按钮，点击该按钮即可删除键盘。

第2招　撤销及重做输入

使用电脑编辑文本时可通过撤销和恢复功能帮助文本的输入，iPhone 4S同样也有类似的功能。其使用方法为：在iPhone 4S中输入文本时，如果需要撤销，只需要来回晃动手机，在弹出的对话框中点击 撤销键入 按钮即可。

撤销内容后若再次晃动手机，在弹出的对话框中点击 重做键入 按钮即可恢复被撤销的内容。

第3招　桌面图标分类

从iPhone 4开始，iPhone手机加入了用于管理桌面图标的文件夹功能。

长按一个图标，当所有图标开始晃动时拖动图标与另外一个图标重合，再松手此时将创建一个文件夹，重命名文件夹的名称后再按Home键即可完成文件夹的创建。

使用相同的方法可以将其他图标拖到一个文件夹中，但每个文件夹最多容纳12个图标。

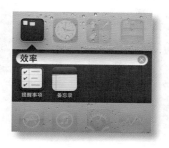

提示：因为一个文件夹至少需要包含一个图标，所以将文件夹中所有的图标拖动到文件夹外时，该文件夹将会被删除。

2.10　活 学 活 用

（1）正确安装SIM卡到iPhone 4S，然后将好友添加到通讯录中，并拨打联系人的电话。

（2）使用FaceTime功能与同样支持FaceTime功能的好友进行视频通话，并在通话过程中截取当前屏幕图像。

（3）选择联系人，发送信息并拍摄自己的照片后发送给联系人。

☑ 想知道如何使用iPhone 4S上网吗？

☑ 想知道App Store的主要作用是什么吗？

☑ 如何从数量众多的应用软件中选择适合自己的软件？

☑ 想知道如何下载应用软件吗？

第 03 章
时尚的网络终端

　　购买iPhone 4S之前，娜娜经常听别人说iPhone 4S非常强大、智能，但在熟悉了iPhone 4S的基本操作后，发现iPhone 4S能做到的功能其他手机也能办到，而且在通话及信息方面并没有特别之处。于是娜娜决定再向阿伟请教请教。阿伟听了娜娜的疑惑后，回答说：“iPhone 4S自身的功能并不突出，但是通过网络，从App Store软件商店可以下载很多应用软件，这是武装iPhone 4S的一件强大的利器。”

3.1　上网前的准备

娜娜拿出手机，首先对上网问题进行了研究，但是半天也打不开一个网页。此时，阿伟告诉娜娜说："要想使用iPhone 4S上网，必须先了解iPhone 4S的上网方式和网络设置。把你的手机给我，我帮你设置吧。"

3.1.1　WiFi与3G

WiFi和3G都是高速网络的接入方式，也是现在智能手机必备的功能之一。作为强大的iPhone 4S，对这两种网络接入方式都有着良好的支持。

iPhone 4S的高速连接方式主要有WiFi和3G两种，由于其广泛的覆盖范围，又被称为无线局域网和蜂窝数据。

1. 无线局域网——WiFi

WiFi是WirelessFidelity的简写，属于无线局域网的范畴，指"无线相容性认证"，是一种短程无线传输技术，一般通过无线路由器提供的WiFi热点接入。接入WiFi后，便可进行高速上网了。拥有速度快和不用支付额外费用的优点，但缺点是使用范围有限（WiFi热点一般只在住宅、咖啡厅和宾馆等场所才进行提供）。

2. 蜂窝数据——3G

3G是指第三代移动通信技术，是支持高速数据传输的蜂窝移动通信技术。与WiFi有限的使用范围相比，3G网络信号的覆盖范围非常广泛，对上网的地点没有太多约束。但其缺点是上网速率没有WiFi快，且收费较高。

3.1.2　WiFi上网设置

若想通过WiFi进行高速上网，则首先需要开启WiFi功能，并对其进行必要的上网设置。

下面将启动无线局域网，并加入一个无线局域网网络。

第1步： 启用无线局域网

点击"设置"图标，在打开的界面中点击"无线局域网"选项，再在打开的界面中点击"无线局域网"后面的 按钮，启用无线局域网。

第2步： 选取网络并输入密码

启用后，在页面下方将出现"选取网络..."栏，将自动查找出附近可用的无线热点，在其中选择要接入的网络，并在打开的"输入密码"界面中输入对应的密码。

提示： 在网络列表中，若网络名称后有 图标，则表示该网络需要使用密码接入；若没有则表示该网络为开放网络，可以不使用密码直接连接。 图标则表示该网络的信号强度。

第3步： 成功加入

点击 按钮后，若密码输入正确，即可成功接入该无线网络。连接成功后，所选择的网络名称前将出现✓图标，且左上角的网络提供商后面会出现 图标。

3.1.3 3G上网设置

相对WiFi来说，使用3G上网不仅设置简单，而且对地域限制的要求没有WiFi那么严格，所以使用3G上网也是一种很时髦的上网方式。

使用3G的方法很简单，只需点击"设置"图标，在打开的界面中点击"通用/网络"命令，在打开的界面中点击"蜂窝数据"后面的 按钮，即可启用3G网络，此时左上角的网络提供商后面将出现 3G 图标。

查找并加入无线局域网网络

启用无线局域网功能，选择信号较强的网络，然后输入该网络的密码，加入该无线局域网。

3.2　便利的网络浏览器

阿伟将手机设置完成后归还给娜娜，娜娜拿着手机就开始到处点击。看着忙个不停的娜娜，阿伟很好奇并问她在干什么。娜娜说："我在找IE浏览器啊，要上网不是需要浏览器么？"听了娜娜的回答，阿伟笑了："iPhone 4S自带的浏览器并不是IE浏览器，而是Safari，同样是一款快捷又安全的浏览器。"

▌3.2.1　使用Safari浏览器

要想获得良好的上网体验，一款功能强大的网络浏览器是必不可少的。iPhone 4S自带的Safari浏览器就能完全满足用户需要，不仅使用方便，而且快捷安全，是很多人浏览网页的首选。

知识点拨

熟练掌握Safari的使用方法将有助于用户快速浏览网页，下面进行具体介绍。

1. 浏览网页

使用Safari浏览网页不仅速度快，而且操作简单，即便是完全不了解的人，也能很快上手。

下面将使用Safari浏览器浏览喜欢的网页。

第1步：启动Safari浏览器

连接无线局域网，然后点击主屏幕下方的Safari图标，启动Safari浏览器。第一次启动Safari浏览器将自动打开书签，该菜单包含了苹果推荐的一些网站，点击右上角的 完成 按钮，会打开空白页面。

第2步：进入网页

点击网页上方的地址栏，弹出虚拟键盘，输入网站的网址，最后点击虚拟键盘上的 Go 键即可进入网页浏览。

提示：输入网址时，点击地址栏后方的 ⊗ 按钮，可快速删除前面输入的内容。进入网站后，⊗ 按钮将会变为 ↻ 按钮，点击该按钮，可刷新当前页面。

第3步：滚动和放大网页

在浏览器中使用手指按住屏幕不放并向上拖动，可使网页向下滚动。浏览网页中的内容时，使用两个手指向两个方向进行拖动，可放大网页中的区域，以便能清晰地浏览网页内容。

提示：浏览网页的过程中，快速点击两次网页浏览区中的内容，可放大或缩小该区域。

横向浏览网页

在浏览网页的过程中，如果将手机横置，可横向浏览网页中的内容。这种浏览方式，与使用电脑浏览网页的方式更为贴近。

2. 添加书签

经常上网的人都知道，网址对于浏览网站来说是非常重要的，只有正确记住了网站的网址才能方便快捷地浏览该网站。但要记住多个网站的网址并不容易，此时可使用书签功能来帮助人们记忆网址。

打开喜欢的网站，并将其添加到书签中，最后通过书签打开该网站。

第1步：打开喜欢的网站

在Safari浏览器的地址栏中输入自己喜欢的网站网址，如这里输入"www.zol.com.cn"，进入中关村网站的首页，然后点击屏幕下方的 按钮，在弹出的菜单中点击 添加书签 按钮。

提示：可以添加书签的网站不仅是网站的首页，网站的所有页面都能添加书签。

第2步：修改网站名称

在打开的"添加书签"界面中输入网址的名称，然后点击 存储 按钮，将网站保存到书签中。

提示：这里可根据自身需要修改网站名称，其作用是为了方便以后进行识别，这个名称并不会对书签本身所对应的网站产生任何影响。

第3步：进入网页

书签添加完毕后，点击屏幕下方的 按钮，在打开的"书签"界面中可看见添加的书签，点击该书签即可进入网页。

提示：删除书签的方法是点击"书签"界面中的 按钮，然后点击书签前出现的 按钮或直接在屏幕滑动手指，在书签名称后点击出现的 按钮即可。

3. 使用Safari浏览器搜索网页

添加书签虽然能帮助人们记忆网站，但是如果并不清楚网站的网址就不能添加书签。而搜索功能则可以通过搜索关键字帮助用户在网上找到符合自己要求的网页，非常适合在不记得网址或需要查询东西时使用。

Safari浏览器地址栏右侧有一个搜索栏，点击该栏，然后在打开的界面中输入想要搜索内容的关键字，最后点击 按钮，即可在网上搜索符合关键字的内容。点击符合条件的超链接，便能浏览该网站。

提示：在地址栏中输入"www.baidu.com"或"www.google.com.hk"，在打开的百度或谷歌首页中输入关键字，同样可以进行搜索。

新手解惑

Q：怎么下载网站上的图片？

A：浏览网页时，长按文字可以对其进行复制；长按图片，则会弹出菜单，该菜单中包含"存储图像"、"拷贝"和"取消"3个按钮，点击"存储图像"按钮，可将图片下载至"相机胶卷"中；点击"拷贝"按钮，则可复制图片，然后粘贴到需要的地方，如粘贴到新消息中将其发送给好友。

3.2.2 设置Safari浏览器

Safari浏览器不用设置即可正常使用，但为了更加符合自身的使用习惯，还可以对其进行其他设置。

要设置Safari浏览器，只需要在"设置"界面中点击Safari选项，在打开的Safari界面中进行设置即可。

下面将介绍Safari界面中各选项的含义。

1 搜索引擎：用于设置默认的浏览器搜索引擎，可以将其设置为Google、Yahoo!和Bing3种搜索引擎中的一种。

2 自动填充：可在网页中自动填充Web表单上的联络信息、名称和密码。

3 打开链接：用于设置点击链接后打开的方式，可选择新页面或两个选项背景。

4 隐私权：可设置Safari浏览器是否进

行隐私浏览或是否接受Cookie。若打开隐私浏览，则不会在浏览器中保留浏览记录。也可点击"清除历史记录"或"清除Cookie和数据"选项，手动清除浏览记录。

5 JavaScript：设置是否启用JavaScript。JavaScript是一种能让网页更加生动活泼的程序语言，如欢迎信息、有广告效果的跑马灯等。

6 阻止弹出式窗口：阻止或允许弹出式页面。阻止弹出式页面只会阻止用户关闭页面时出现的弹出式页面或通过输入地址来打开页面时出现的弹出式页面，并不会阻止通过输入网址或点击超链接时打开的页面。

跟我练习

使用Safari浏览器浏览百度新闻，并将其添加为书签

首先连接无线局域网网络，然后打开Safari浏览器，在地址栏中输入百度新闻的网址"http//:news.baidu.com"并确定，打开百度新闻的首页，浏览其中的新闻，然后将该网站的网址添加到书签中，以便于以后能快速进入该网站。

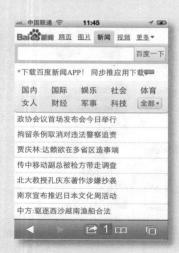

3.3 应用商店——App Store

阿伟把自己的手机给娜娜看了一下，娜娜立马发现与两款手机之间的不同之处了。她惊奇地问阿伟："阿伟，你手机上怎么有这么多的程序，而我怎么没有呢？"阿伟回答道："这就是今天我要给你讲的，如何使用App Store来武装你的iPhone 4S"。

3.3.1 什么是App Store

App Store即Application Store，通常理解为应用商店。App Store是一个由苹果公司为iPhone和iPod Touch、iPad及Mac创建的服务，可浏览和下载应用程序。通过购买或免费试用，将该应用程序直接下载到iPhone或iPod touch、iPad和Mac中，主要包含游戏、日历、翻译程序、图库，以及许多实用的软件。 App Store在iPhone、iPod touch、iPad和Mac的应用程序商店名称是相同的。

3.3.2 注册Apple ID

要使用App Store，必须先注册一个有效的Apple ID账户。

在iPhone 4S上注册一个App Store的账号。

第1步：点击登录

点击主屏幕上的"设置"图标 ，在打开的界面中点击Store选项，然后在打开的Store界面中点击"登录"选项。

第2步：创建新Apple ID

在弹出的对话框中点击"创建新Apple ID"按钮。

提示：如果已经注册有Apple ID账号，点击"使用现有的Apple ID"命令可以打开"登录"对话框；iForgot命令是苹果的Apple ID密码重设服务，Forgot是忘记的过去式，用于修改密码。

第3步：设置新Apple ID

点击"国家或地区"选项，在弹出的滚动菜单中点击"中国"命令，点击█按钮，再点击█按钮，在打开的界面中阅读服务条款后点击右下角的█按钮，再在弹出的对话框中点击█████按钮。

提示：选择其他国家同样可以注册Apple ID，但注册其他国家的Apple ID将会影响到App Store中的语言和购买。例如，选择美国，则App Store中的菜单及软件介绍将以英文方式进行显示。

第4步：输入账户信息

在打开的界面中输入注册的电子邮件地址，然后拖动界面，继续输入"问题"、"答案"以及"生日"等信息，最后点击 ██ 按钮。

提示：这里的密码不是电子邮件地址密码，而是新设置的Apple ID密码。当然这个密码可以和你的电子邮件地址密码相同，但是需要注意密码的条件。

第5步：付款方式和账单寄送地址

在打开的界面中选择付款方式，然后拖动界面，输入账单寄送地址，最后点击 ██ 按钮。

提示：App Store中包含有收费程序，付款方式用于设置购买这些程序的支付方式以及支付后账单的邮寄地址，所以需认真填写真实信息。

第6步：验证账户

在打开的界面中将提示验证电子邮件已经发送到注册Apple ID时填写的电子邮件中。

第7步：进入电子邮件

按Home键返回主屏幕，打开Safari浏览器，在地址栏中输入"smart.mail.126.com/"，打开126邮箱的主页，然后输入电子邮件地址的账号和密码并单击 ▓▓▓ 按钮，登录邮箱找到并点击苹果发送的邮件。

提示：因为注册Apple ID时使用的是126的电子邮箱地址，所以这里进入126邮箱收取验证邮件。

新手解惑

Q：哪些电子邮箱地址可用于注册Apple ID账号？

A：要成功注册Apple ID必须使用有效的电子邮箱地址作为Apple Store的账号，所以必须在注册Apple ID前注册并激活电子邮箱。而对于电子邮箱地址的提供商则没有什么限制，几乎所有的电子邮箱地址都可以用于注册Apple ID账号。

第8步：验证地址

打开邮件后，点击邮件中的"立即验证"超链接，打开"验证"界面，在其中输入注册时填写的Apple ID和对应的密码，最后点击"立即验证"选项，完成Apple ID账号的注册。

提示：因为文字太小，不方便观察，所以可以放大邮件，然后再点击"立即验证"超链接。

成功注册一个Apple ID账号
使用自己的电子邮件地址在iPhone 4S上成功注册一个Apple ID账号。

3.3.3 分类查看

点击主屏幕上的App Store图标，可进入App Store商店。App Store中包含了多达几十万种应用程序，为了使用户更好地查找并选择需要的程序，App Store将其分为了多个类别，便于浏览其中的应用程序。

知识点拨

进入App Store商店后，在底部有一个导航栏，包括"精品推荐"、"类别"、"前25名"、"搜索"和"更新"等。下面将介绍App Store中常用的几个界面的作用。

1. 精品推荐

点击主屏幕上的**App Store**图标，进入App Store界面。首次进入的**App Store**界面显示为"精品推荐"界面，在该界面中点击上方的"新品推荐"、"热门"和Genius选项分别可以浏览苹果推荐的新品应用程序、热门应用程序以及系统根据用户下载历史给出的推荐应用程序。

2. 类别

点击屏幕下方的"类别"图标，进入"类别"界面，该界面中按应用软件的作用或分类进行了归类，分为报刊杂志、财务、参考等21种类别。点击其中一种，即可进入该分类的界面，分类界面中又以是否收费和发布日期为依据进行了再次分类。

提示：类别中的分类选项图标通常是该类别下收费应用程序中销售第一名的图标，所以会经常更新。

3. 前25名

点击屏幕下方的"前25名"图标，进入"前25名"界面，该分类按照是否收费或畅销榜列出了所有类别的前25名应用软件。

提示：该界面中包含的收费项目、免费项目和畅销排名都只显示前25个，若点击该界面最下方的"下面25个"选项，则可以显示更多的应用软件。

3.3.4 搜索软件

虽然App Store将应用软件按照多种方式进行了分类，但是对于App Store中多达几十万种的应用程序来说，这种分类仍然是很有限的，只能显示出极少一部分应用程序，所以搜索是寻找软件必不可少的功能。

使用搜索功能在App Store中搜索"美食"，并找到相关的软件。

第1步：输入关键字

点击App Store图标，进入App Store界面，点击屏幕下方的"搜索"图标，然后点击屏幕上方的搜索栏，利用虚拟键盘输入"美食"，点击按钮。

提示：当输入关键字后，在屏幕中间将出现一些选项，这些选项是符合关键字较为热门的应用软件名称，点击这些关键字，可以准确地搜索到应用软件。

第2步：打开搜索列表

iPhone自动在网络中进行搜索，搜索完成后，会将结果显示在当前页面。

提示 ：若输入的关键字没有对应的应用软件，可能会以关键字的某一部分进行搜索或在屏幕中间显示"无匹配"3个字。

跟我练习

进入App Store，搜索关键字为"钓鱼"的应用软件

打开App Store界面，然后点击"搜索"图标🔍，在搜索栏中输入关键字"钓鱼"，搜索符合此关键字的软件。

3.4　安装App Store中的软件

娜娜拿着从手机App Store中搜索出的显示结果，对阿伟说道："阿伟，我对这个应用软件很感兴趣，要怎么下载安装呢？"阿伟回答道："很简单，只需要动动你的手指就行了，具体方法我给你演示一遍，你就明白了。"

3.4.1　安装免费软件

在App Store中，如果软件名称后面标有"免费"字样，表明该软件可以免费下载并使用。

下面将在App Store的"精品推荐"界面中浏览应用软件，查找感兴趣的免费应用软件，并下载安装此应用软件。

第1步：浏览软件列表

点击App Store图标，进入App Store的"精品推荐"界面中浏览应用软件列表，找到感兴趣的应用软件，如"Let's Gofl! 3"，点击进入该软件的信息界面，然后点击 免费 按钮。

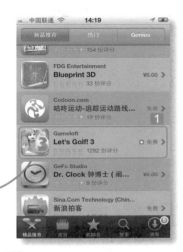

提示 ：若应用软件的价格前面有 + 图标，表明该应用软件可兼容iPhone、iPad和iPod touch等iOS设备。在软件的信息界面中包含了软件介绍，向下拖动该界面，还能查看软件的截图、公司、版本和大小等信息。

第2步：登录Apple ID

此时， 免费 按钮将变为 安装应用软件 按钮，点击该按钮，在弹出的"登录"对话框中点击"使用现有的Apple ID"按钮，然后在弹出的"Apple ID密码"对话框中输入注册好的账号和密码，最后点击 好 按钮。

第3步：载入应用软件

登录成功后，将会自动返回iPhone主屏幕，并在主屏幕上显示所安装的应用软件。当应用软件图标的下方显示有"正在载入..."，且图标上显示有一个进度条时，则表示该应用软件正在被下载。下载完成后，该应用软件即可正常使用。

3.4.2 安装收费软件

相对于免费应用软件来说，收费软件不仅功能更强大、使用范围更广泛，而且没有广告的干扰，同时还能以相对便宜的价格支持正版。

1. 对Apple ID进行充值

要想成功购买App Store中的应用软件，首先必须保证Apple ID中有足够的金额。新注册的Apple ID中当然不会有钱，所以需先对自己的Apple ID进行现金充值，然后才能在App Store中购买收费的应用软件。

下面将登录Apple ID，然后进行现金充值。

第1步：点击"充值"按钮

进入App Store中的"精品推荐"界面，拖动该界面到最下方，点击"登录"选项，在弹出的对话框中点击"使用现有的Apple ID"按钮，登录Apple ID，然后点击 充值 按钮。

第2步：选择金额和银行

打开"充值"界面，在"金额"栏中选择充值的金额，这里点击"￥50"选项，然后拖动屏幕，在界面下方的"银行卡"栏中选择充值用的银行卡，这里点击"中国农业银行"选项，最后点击 下一步 按钮。

第3步：输入付款信息

在打开的界面中输入详细的付款信息，完成后点击 下一步 按钮，在打开的界面中将提示已经发送请求，然后点击 完成 按钮。

新手解惑

Q：App Store中美元对应的人民币价格是多少？

A：App Store支持人民币支付后，App Store对相应的价格分别做了调整，其中0.99美元定价为6元人民币、3.99美元定价为25元人民币、5.99美元定价为40元人民币、6.99美元定价为45元人民币、11.99美元定价为78元人民币等，与使用美元购买的价格基本持平，较实惠。

第4步：接听来电并输入密码

接下来，手机将收到来自银联IVR语音支付平台020-96585的来电，根据语音提示，点击"通话"界面中的"拨号键盘"按钮▦，在虚拟键盘上输入密码，最后按▦键结束输入，提示成功输入信息后，结束通话即可。

提示：现在有些不法分子利用漏洞修改了来电号码，因此当手机接到020-96585的来电时，应当注意该号码是否为真实的银联语音支付平台号码。该语音支付平台并没有要求输入卡号的请求，若要求输入账号和密码或并没有进行支付操作就收到该号码的来电时，应该提高警惕。

教你一招

使用网上银行进行充值

部分银行支持网上银行进行交易的支付操作。以招商银行为例，在选择充值金额后，点击"招商银行"选项，然后在转到的界面中点击"移动网站"选项，再在打开的界面中点击 ▭▭▭▭ 按钮，将打开Safari浏览器并打开对应的网站，在该网站中输入相关内容，最后点击 确定 按钮，然后手机将收到包含链接的短信，打开其中的链接，然后再输入密码，完成交易。

2. 购买应用程序

Apple ID成功充值后，即可使用该账号购买收费的应用程序。其操作方法与下载免费应用程序的方法类似。可点击价格按钮，如 ¥6.00 按钮，当按钮变为 按钮时，再点击该按钮，在弹出的对话框中输入密码，最后点击 按钮即可成功购买应用程序并开始下载和安装。

提示：使用人民币价格购买第一个应用时，需要同意新的iTunes Store条款。

3.4.3 更新应用程序

大部分应用程序都会根据具体的开发商、实际的使用情况、新技术的发展与使用等情况而不断更新应用程序。所以，为了保证随时使用最新的程序，应根据实际情况对应用软件进行更新。

下面将对手机中已发布更新的应用程序进行更新操作。

第1步：查看需要更新的应用程序

进入App Store，点击屏幕下方的"更新"图标，在打开的"更新"界面中显示了已经安装到手机中且可更新的所有应用程序。

提示：如果有应用程序可更新时，主屏幕上的App Store图标和App Store中"更新"图标右上角都会出现带有数字的红色标识，其中数字的多少则代表多少个应用程序可以更新。

第2步：点击更新

点击需要更新的应用程序，进入该应用程序的"信息"界面，在该界面中包含了更新的内容，点击 更新 按钮即可开始更新应用程序。

提示 ：因为Apple ID的使用可能包含资金的流动，所以过一段时间后再下载或更新应用程序会被要求重新登录，此时只需要重新输入密码即可再次登录。如果在"更新"界面中点击右上方的 更新全部 按钮，可更新该界面中的全部应用程序。

▌3.4.4 评论下载的应用软件

在下载应用软件介绍界面的最下方，都有该软件的相关评分，可以比较直观地看见来自其他用户对该软件的评价，以便在下载软件之前对该软件有所了解。

拖动应用软件的"信息"界面到最下方，点击 13699 份评分 按钮，登录Apple ID后进入"评价"界面，在该界面中可以看见来自其他用户对应用软件的评价。点击 撰写评论 按钮，打开"提交评论"界面，选择评论的星级，并输入评价的标题和内容，最后点击 发送 按钮发表评论。

提示 ：如果用户没有下载软件，将不能对其进行评论，并且第一次撰写评论还需要输入用户名。评论给予的星星越多，代表评价越高。对应用软件应客观评价，在避免广告嫌疑的同时，也请尊重应用软件开发者的劳动成果，不要恶意诽谤。

跟我练习

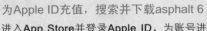

为Apple ID充值，搜索并下载asphalt 6

进入**App Store**并登录**Apple ID**，为账号进行充值，然后点击"搜索"图标🔍，在搜索栏中输入"**asphalt 6**"进行搜索，在搜索结果中选择第一个应用程序，然后下载并安装该应用程序。

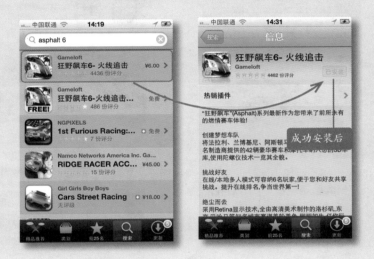

3.5 更进一步——网络应用小技巧

通过学习，娜娜不仅成功使用iPhone 4S浏览了各种好玩的网站，而且还通过App Store下载了很多有趣的应用程序。阿伟告诉娜娜，若想获得更好的体验，还需要掌握以下几点知识。

第1招 添加网页至主屏幕

对于需要经常浏览的网站，每次都通过点击Safari图标 进入Safari浏览器，然后再输入网站的网址或通过书签选择网站，会显得较麻烦。此时可将网站添加到主屏幕，然后在主屏幕上点击网站图标，快速进入网站。

具体的操作方法如下。

① 在Safari浏览器中，点击屏幕下方的 按钮，在弹出的菜单中点击"添加至主屏幕"按钮。

② 在打开的界面中输入网站的名称，然后点击 按钮即可。

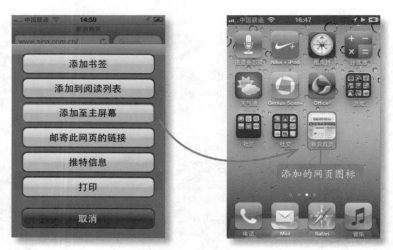

第2招　共享网络

iPhone 4S不仅能上网，而且还能将网络资源共享给其他手机或电脑，使iPhone 4S成为一个网络热点。其操作方法如下。

①在"设置"界面中点击"通用/网络"选项。

②在打开的"网络"界面中点击"蜂窝数据"后面的 按钮，开启蜂窝数据。

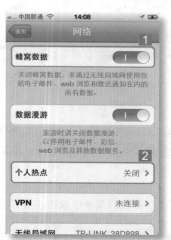

③点击"网络"界面中的"个人热点"选项，在打开的界面中点击"个人热点"选项后的按钮，开启个人热点功能。此时，其他设备可通过无线局域网方式与iPhone 4S连接，并通过iPhone 4S连接上网络。

第3招 其他浏览器

虽然Safari浏览器的功能十分强大，但由于个人的使用习惯不同，某些人可能不喜欢Safari浏览器。此时，可通过App Store下载第三方浏览器到iPhone 4S进行使用。

常用的浏览器有UC浏览器、QQ浏览器、360浏览器和Opera Mini浏览器等。

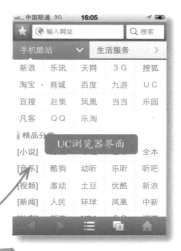

UC浏览器界面

提示：浏览器的界面虽然各不相同，但基本的操作方法都是相同的。通过App Store下载安装后即可正常使用。

第4招 删除应用程序

iPhone 4S的存储空间是有限的，所以当手机存储空间不足或不再需要某应用程序时，可将该应用程序删除。其方法为长按主屏幕上任意一个应用程序图标，当所有图标开始抖动且应用程序图标左上角出现⊗图标时，点击需要删除的应用程序对应的⊗图标，在弹出的对话框中点击██按钮即可删除该应用程序。

3.6 活 学 活 用

（1）使用WiFi连接网络，然后打开Safari浏览器，在搜索栏中输入"苹果手机"，进行搜索并点击搜索到的超链接，打开相关网站，浏览关于苹果手机的信息。

（2）打开App Store，登录Apple ID并对账号进行充值，完成充值后，转到"前25名"界面中，将该界面中的收费项目排名第一和免费项目排名第一的应用程序都下载并安装到iPhone 4S中。如下图所示分别为安装的收费与免费的应用程序。

第 04 章
iPhone的全能管家

经过一段时间的使用，娜娜对iPhone 4S越来越熟练了，并且她发现虽然iPhone 4S拥有较大的手机内存，但是将iPhone 4S接上电脑后却不能直接将文件复制到iPhone 4S中，于是娜娜找到了阿伟。阿伟在听了娜娜的问题后，放下手中的iPhone 4S打开电脑中的iTunes软件，并对娜娜说道："如果想把文件装到iPhone 4S中，可使用iTunes软件，并且通过iTunes软件还能备份和还原iPhone。对使用iPhone的用户来说，iTunes是必不可少的一个软件。"

4.1 熟悉iTunes

娜娜看了看iTunes的界面，然后说道："看上去iTunes好复杂啊。"看到苦恼的娜娜，阿伟忍不住笑着说："其实iTunes的操作非常简单，在熟悉此软件后再通过简单的操作练习便能很好地使用iTunes。下面我就给你演示演示吧！"

新手解惑

Q：iTunes的主要作用是什么？

A：iTunes主要用于管理iPhone中的资料，为iPhone提供同步功能。通过iTunes上的音乐商店，还可下载成千上万的音乐。

说起与iPhone相关的软件，首先就会想到iTunes。iTunes用于管理和同步iPhone中的资料，还能备份、还原或升级iPhone的系统文件。在使用iTunes之前，首先应熟悉其界面。

安装iTunes软件，然后打开软件便可看见其工作界面。其界面主要包括了菜单栏、导航栏和资料窗口等组成。

下面将介绍iTunes组成部分的含义，帮助用户熟悉iTunes。

1 菜单栏：与一般程序的菜单栏类似，iTunes的各项功能都能在这里找到。

2 播放控制区：用于控制播放中的音乐或视频，提供了常用的播放/暂停、上一首/下一首、音量大小等控制按钮。

3 状态栏：当前若没有执行任务，将显示一个苹果图标 ；若执行有任务则显示该任务的执行状态。

4 资料库显示方式：以歌曲列表、专辑列表、网格和Cover Flow等方式显示资料库中的项目。

5 导航栏：主要包括资料库、Store和播放列表等。当有iPhone连接到电脑中时，会显示设备命令，用于管理手机资料等。

6 资料窗口：用于显示资料文件或信息的窗口。

7 播放按钮：从左到右依次为创建播放列表、随机播放、循环播放和显示或隐藏正在播放的窗口。

4.2 iTunes的账号管理

逐渐熟悉了iTunes后，娜娜便问阿伟道："在iTunes上登录账号有什么用？"阿伟回答道："拥有一个账号，不仅可以下载软件，还能对多台电脑进行授权，让这些电脑拥有共同的资料库，所以注册一个账号是很重要的。"

4.2.1 通过iTunes注册Apple ID

在使用iTunes的过程中，有部分操作是需要登录账号的，所以首先需要注册一个账号。

下面将通过iTunes注册一个Apple ID账号。

第1步： 选择"创建账户"命令

在iTunes的菜单栏中选择"Store/创建账户"命令，在打开的iTunes Store的欢迎界面中单击 继续 按钮。

提示：通过手机注册的Apple ID账号与通过iTunes注册的Apple ID账号是相同的，但与在手机上注册相比，通过iTunes注册更加方便、简单。

创建 iTunes Store 账户（Apple ID）

电子邮件
18▇▇▇12@qq.com

密码
●●●●●●●●

验证密码
●●●●●●●

请输入一个问题和答案，以便在您忘记密码时，帮助我们对您的身份进行验证。

大学班上一共有多少人？

22

请输入您的出生日期。

23 ⧨   5 ⧨   1968

返回   取消   继续

第2步：同意条款并填写信息

在打开的"条款与条件以及Apple的隐私政策"界面中认证阅读条款后，选中"我已阅读并同意以上条款"复选框，然后单击 同意 按钮，在打开的界面中输入账户信息，最后单击 继续 按钮。

第3步：提供付款方式并验证

在打开的界面中选择付款方式，然后填写账单寄送地址，单击 创建 Apple ID 按钮，在打开的界面中将会提示有一封验证电子邮件已发送至邮箱中。

提示：若未注册账号，直接在界面中单击 好 按钮，会弹出提示尚未验证Apple ID的对话框。

付款方式

🏛 银行卡 BANK CARD   VISA   AMEX   MasterCard

选择银行卡后，您可以通过您的本地银行为您的 Apple ID 充值。

帐单寄送地址

▇   琦

▇▇▇▇▇

▇▇▇▇▇

▇▇▇▇▇

▇▇▇

▇▇▇   省份 ⧨   中国

186▇▇2806

第4步：登录邮箱

在IE浏览器的地址栏中输入"http://mail.qq.com"，按Enter键进入邮箱的登录页面，在其中输入账号和密码，然后单击 登录 按钮，登录邮箱。

登录QQ邮箱

18▇▇▇12   @qq.com ⧨

●●●●●●●●

□记住登录状态   忘记密码？

登录

还没有QQ邮箱？立即注册
网络太慢？使用基本版

第5步：验证电子邮件地址

登录邮箱后，在"收件箱"中打开发件人为Apple的邮件，然后单击邮件内容中的"立即验证"超链接，在转到的网站中输入Apple ID的账号和密码，最后单击 验证地址 按钮，完成验证。

提示：如果未收到邮件，可在iTunes的验证邮件页面中单击"重新发送验证电子邮件"超链接，重新发送一份新的邮件。

4.2.2 账号授权

注册了iTunes账号后，还需要对使用该账号的电脑进行授权。授权是指同意使用该电脑通过iTunes向iOS设备中同步下载应用软件和有声读物。

下面将使用注册的Apple ID账号对电脑进行授权操作。

第1步：登录账号

在iTunes的菜单栏中选择"Store/对这台电脑授权"命令，在打开的"对这台电脑授权"对话框中输入Apple ID和对应的密码，单击 授权(U) 按钮。

第2步：完成授权

此时系统弹出提示授权成功的对话框，然后单击 OK 按钮完成对该电脑的授权。

4.2.3 解除授权

成功授权后，提示框中将显示"你总共可以对5台电脑授权"的信息。如果已经成功对5台电脑进行授权后，还需要对其他电脑进行授权，就必须取消一部分电脑的授权。

对电脑取消授权的操作比较简单，只需选择"Store/取消对这台电脑的授权"命令，在打开的对话框中输入Apple ID账号和对应的密码，最后单击 取消授权(D) 按钮即可。但如果已经进行了5次授权，且无法接触曾经被授权的电脑或不记得是对哪些电脑进行了授权，此时就需要通过特殊的方法解除授权。

通过iTunes的账号管理，一次性解除所有的5次授权。

第1步：登录账号

在iTunes的菜单栏中选择"Store/显示我的账户"命令，在打开的对话框中输入Apple ID账户和对应的密码，然后单击 显示帐户(V) 按钮。

第2步：解除全部授权

在打开的"账户信息"界面中单击"电脑授权"栏后面的 全部解除授权 按钮，然后在打开的对话框中单击 授权所有电脑 按钮，解除对所有电脑的授权。

注册账号并授权

安装iTunes后，在iTunes软件中注册一个新的Apple ID账号，然后选择"Store/登录"命令，登录注册的Apple ID账号，最后选择"Store/对这台电脑授权"命令，对这台电脑进行授权操作。

4.3　iTunes的资料管理

　　讲解了iTunes的界面和相关的账号操作后，娜娜已经按耐不住想要学习使用iTunes来进行资料管理的方法了。看着心急的娜娜，阿伟对她说："熟悉iTunes的基本操作后，下面就教你如何使用iTunes来进行资料的管理。"

▌4.3.1　添加文件至资料库

　　iTunes提供的资料库能够很好地管理音乐、影片等资料，可使电脑中原本混乱的资料变得井然有序，为以后的同步操作打下良好的基础。

　　下面将电脑中的音乐文件导入到iTunes的资料库中。

第1步：打开对话框
选择"文件/将文件添加到资料库"命令，打开"添加到资料库"对话框。

第2步：完成导入
在对话框中选择需要被添加的文件，单击 [打开(O)] 按钮，将文件导入到资料库中。

提示：在导入过程中，没有区分音乐和视频，导入后由软件自动识别，并将音乐或视频文件自动存放到资料库的音乐或影片栏中。

4.3.2 将CD导入资料库

很多音乐爱好者都会购买各种类型的音乐CD，但是一般的CD只能通过含有光驱的电脑或专用的播放机才能使用，限制了音乐CD的使用地点，但如果将音乐CD中的歌曲导入到iTunes中，再由iTunes同步至iPhone 4S便能随时听喜欢的音乐了。

因为音乐CD的存储模式不同，所以直接通过光驱将其打开是不能将音乐复制到电脑中的，而通过iTunes则可以将其导入到电脑中，并添加至iTunes的资料库中。

第1步：打开音乐CD

将音乐CD放置到光驱中，然后打开iTunes。在iTunes的导航栏中选择"设备"栏中的光盘，然后单击 导入设置 按钮。

提示：音乐CD虽然本身不包含音乐信息，但联网后，便可以查找到光盘信息，以便正确地显示其名称和表演者信息。

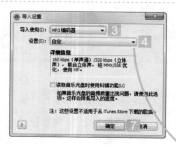

第2步：设置导入的品质

打开"导入设置"对话框，在"导入使用"下拉列表框中选择"MP3编码器"选项；在"设置"下拉列表框中选择"自定"选项，打开"MP3编码器"对话框，在"立体声比特率"下拉列表框中选择320kbps选项，最后依次单击 确定 按钮。

提示：相对于音乐CD的品质来说，在导入过程中所选择的"MP3编码器"或是默认的"AAC编码器"都属于有损压缩，其音质都不如音乐CD，所以这里选择比特率为320kbps，以最大程度地保留音乐CD的品质。

第3步：**选择文件夹并导入音乐**

选择"编辑/偏好设置"命令，在打开的对话框中选择"高级"选项卡，然后单击 [更改(C)] 按钮，在打开的对话框中选择音乐文件存储位置后单击 [确定] 按钮，最后返回iTunes界面，单击 [导入CD] 按钮导入音乐CD。

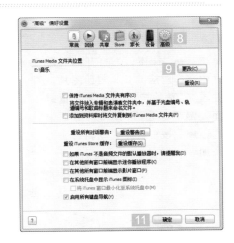

提示：默认的保存位置是在系统盘的用户文件夹中，为了避免系统盘体积过大而影响电脑速度，需要更改文件的保存位置。

4.3.3 添加专辑图片

将音乐导入资料库后可以发现，很多音乐都有对应的专辑封面，这种专辑封面在iPhone 4S的音乐播放器中可以显示，使得播放音乐的过程中，不再只是单调的文字，而是拥有丰富多彩的图片。

下面将为导入资料库中没有专辑封面的音乐添加专辑图片。

第1步：**打开对话框**

在iTunes的导航栏中选择"资料库"栏中的"音乐"选项，在打开的窗口中右击没有专辑封面的音乐，在弹出的快捷菜单中选择"显示简介"命令，打开iTunes对话框，选择"插图"选项卡。

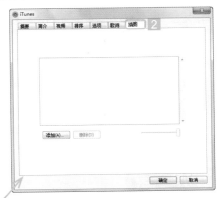

提示：在电脑联网的情况下，若选择右键菜单中的"获取专辑插图"命令，可以自动在网上搜索相关的专辑封面。

第2步：选择专辑封面的图片

单击 添加(A) 按钮，在打开的对话框中选择对应的专辑封面图片，并单击 打开(O) 按钮，添加专辑封面，最后单击iTunes对话框中的 确定 按钮，完成专辑封面的添加。

修改音乐的ID3标签

ID3标签是音乐文档中的歌曲附加信息，能附加演出者、作者和专辑等信息，方便对音乐进行管理。虽然ID3标签并不影响音乐的播放，但是如果该标签出现乱码将会给后期的使用和管理带来一定的麻烦。单击媒体库显示方式中的"歌曲列表"按钮，切换到列表显示方式，然后右击需要修改的音乐，在弹出的快捷菜单中选择"转换ID3标记"命令，在打开的对话框中选中"ID3标签版本"复选框，并在其后的下拉列表框中进行选择可以修改ID3标签的版本；若选中"逆向Unicode"复选框，即可解决标签乱码的问题。

4.3.4 同步音乐文件

iPhone 4S自身并没有音乐和视频文件，需要使用iTunes的同步功能将iTunes资料库中的内容与iPhone 4S进行同步，将iTunes资料库中的内容复制到iPhone 4S中。

下面将通过iTunes的同步功能将资料库中的所有音乐复制到iPhone 4S中。

第1步： **打开选项卡**

将iPhone 4S通过数据线正确连接到电脑上，在iTunes界面中选择设备后选择"音乐"选项卡，然后选中"同步音乐"复选框，再单击 应用 按钮。

第2步： **完成同步**

iTunes界面中的状态栏将显示音乐同步的进度，完成同步后，点击iPhone 4S主屏幕上的"音乐"图标 ，进入播放列表后可看见被同步到手机中的音乐。

4.3.5 同步视频文件

与音乐文件类似，视频文件也需要同步才能导入到iPhone 4S中。但是一般视频文件比音乐文件大，如果使用与音乐同步的方法，很有可能超过iPhone 4S的存储上限，所以此时可以进行选择性同步。

其方法为：将iPhone 4S通过数据线正确连接到电脑上，在iTunes界面中选择设备，然后选择"影片"选项卡，取消选中"自动包括"复选框，并在下面的影片栏中选择需要同步的影片，最后单击 应用 按钮，即可将选择的视频文件同步到iPhone 4S中。

提示 ：iPhone 4S自带的播放器支持MP4、3GP和MOV这3种格式的视频文件，在向iTunes的资料库中添加文件时，不符合格式的视频文件不会被添加到资料库中。

4.3.6　制作并同步铃声

在本书的第2章中简单介绍了iPhone 4S的铃声设置功能，但只能设置iPhone 4S自带的部分铃声。如果需要使用个性化铃声，还需要通过iTunes进行设置并导入。

动手一试

下面将通过iTunes制作个性化的铃声，并将铃声同步至iPhone 4S中，最后将制作好的铃声设置为iPhone 4S的来电铃声。

第1步：设置音乐时间

打开iTunes资料库中的"音乐"栏，右击需要设置为铃声的音乐，在弹出的快捷菜单中选择"显示简介"命令，在打开的对话框中选择"选项"选项卡，然后选中"起始时间"和"停止时间"复选框，并在其后的数值框中输入起始和结束的时间，最后单击 确定 按钮。

提示：iPhone 4S不支持时长超过40秒的铃声。

第2步：设置铃声时间

选择"编辑/偏好设置"命令，在打开的对话框中选择"常规"选项卡，选中"铃声"复选框，然后单击 导入设置(O)... 按钮，在打开对话框的"导入使用"下拉列表框中选择"AAC编码器"选项，最后依次单击 确定 按钮。

创建时间较短的文件

第3步：转换为AAC格式

设置iTunes的偏好设置后，在设置了时间
的音乐上单击鼠标右键，在弹出的快捷菜
单中选择"创建AAC版本"命令，在资料
库中创建一个名称相同但时长为40秒的
音乐文件。继续右击新创建的歌曲，在弹
出的快捷菜单中选择"在Windows资源管
理器中显示"命令，打开文件夹。

提示：若不进行偏好设置，将不会出
现"创建AAC版本"命令。选择"创建
AAC版本"命令实际就是对音乐文件进
行格式转换操作。

第4步：修改文件扩展名

在文件夹中选择音乐文件，按F2键将
文件的扩展名从m4a修改为m4r，按
Ctrl+Enter键，在弹出的对话框中单击
[是(Y)]按钮，完成扩展名的修改。

教你一招

显示文件扩展名

如果无法查看文件的扩展名，可在资源管理器窗口中按Alt键，此时将在文
件夹中显示菜单栏，并在该菜单栏中选择"工具/文件夹选项"命令，在打
开的对话框中选择"查看"选项卡，在"高级设置"栏中取消选中"隐藏
已知文件类型的扩展名"复选框，最后单击[确定]按钮即可。

第5步： 添加至资料库

修改扩展名后，音乐文件将会变为铃声文件，此时在iTunes界面中选择"文件/将文件添加到资料库"命令，双击转换的铃声文件，此时铃声将出现在资料库的"铃声"栏中。

第6步： 同步铃声至手机

在iTunes的导航栏中选择设备，选择"铃声"选项卡，然后选中"同步铃声"复选框，最后单击[应用]按钮，将铃声同步到iPhone 4S中。

提示： 在"偏好设置"对话框中选中"铃声"复选框后"铃声"选项卡将被激活。

第7步： 设置来电铃声

在iPhone 4S的主屏幕上点击"设置"图标，在打开的界面中点击"声音、电话铃声"选项，在打开的界面中可看见导入的铃声。选择该铃声，当铃声后面出现✓图标时即表示该铃声被成功设置为来电铃声。

教你一招

同步部分音乐或铃声

在同步视频文件时，并没有同步全部视频文件，而是选择性同步。使用类似的方法同步音乐或铃声也可选择部分进行同步。在"音乐"或"铃声"选项卡中选中"选定的播放列表、表演者、专辑和风格"或"选定的铃声"单选按钮，然后在下方出现的分类中选择所需的音乐或铃声，再单击[应用]按钮即可只同步选择的音乐或铃声。

4.3.7 删除同步到iPhone上的资源

由于iPhone 4S存储有限，使用户不能无限制地向iPhone 4S中导入喜欢的音乐、铃声或视频等文件，当iPhone 4S存储快满或不需要部分音乐或视频时，就可以将其删除。

下面将介绍在iPhone上删除资源的方法。

1. 同步资料库进行删除

在同步过程中，若是通过全部同步导入的音频、铃声或视频文件，则iTunes资料库中的内容和iPhone 4S中的内容相同，因此只需删除iTunes资料库中的内容，然后再进行全部同步操作，即可在iPhone 4S中删除同样的内容。

2. 保留资料库并删除

通过同步资料库进行删除的操作虽然简单，但是需先删除iTunes资料库中的文件才能删除iPhone 4S中的文件。

若想保留iTunes资料库中的文件，但又需删除iPhone 4S中的文件时，选中使用同步部分音乐、铃声或视频的方法。以音乐为例，在"音乐"选项卡中选中"选定的播放列表、表演者、专辑和风格"单选按钮，然后在下方的分栏中选择需要保留的音乐文件，并取消需要删除的音乐文件，最后单击 应用 按钮，则可在保留iTunes资料库中文件的同时删除iPhone 4S中的文件。

跟我练习

管理iTunes资料库并同步音乐和视频

将电脑中所有的音乐和视频文件添加到iTunes的资料库中，并对缺少专辑封面的音乐文件进行专辑封面的添加，然后通过部分同步操作，将资料库中喜欢的音乐文件和视频文件同步到iPhone 4S中。

4.4 iTunes的在线商店

阿伟问娜娜："娜娜，你还记得App Store的作用吧？"听到阿伟的问题，娜娜很自信地回答道："当然记得，而且我现在经常在App Store上下载各种应用软件。"阿伟点了点头继续说道："使用手机下载应用软件有时并不方便，今天我就给你讲讲如何使用电脑下载应用软件。"

4.4.1 便捷的充值通道

　　与使用iPhone 4S相比，使用电脑操作更便捷且更容易操作。所以很多人更喜欢在电脑上下载应用软件，但如果需要下载收费应用软件还需要先充值。

　　下面将通过iTunes Store对Apple ID账号进行充值。

第1步：打开主页

启动iTunes，选择"Store/登录"命令登录Apple ID，然后在其界面中选择导航栏中的iTunes Store命令，打开iTunes Store主页，单击"充值"超链接。

第2步：选择充值金额和银行

在打开的"账户充值"界面中选择金额和支付用的银行卡，这里在"金额"下拉列表框中选择"￥100"选项，在"银行卡"栏中选择"中国工商银行"选项，然后单击右下角的 继续 按钮。

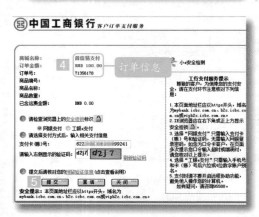

第3步：输入信息

在打开的界面中提示了已经发出请求的信息，并在网页浏览器中打开充值页面。在充值页面中输入账户信息后，单击 提交 按钮，然后在打开的页面中继续输入密码等信息，完成充值。

4.4.2 下载音乐和软件

在iTunes Store中下载应用程序的方法与在手机上通过App Store下载应用程序的方法类似，都是在应用软件的介绍界面中单击对应的按钮即可。

在iTunes Store的界面中选择"Store/搜索"命令，找到需要的应用软件，然后在应用软件的介绍界面中单击 免费 App 按钮或 ¥118.00 购买应用软件 按钮，即可开始下载所选的应用软件，并将成功下载的应用软件添加到资料库的"应用程序"分类中。

提示：若下载收费应用程序，将会弹出对话框，提示收费信息，此时单击 购买 按钮，如果账户中有足够的金额，在成功支付后，即可开始下载。若单击 ¥118.00 购买应用软件 右侧的下拉按钮 ，在弹出的下拉列表框中可以复制链接和分享该应用程序。

新手解惑

Q：App Store与iTunes Store相比有什么区别？

A：iTunes Store综合了iTunes和App Store，是在运行Windows系统的电脑中用于下载音乐和应用软件的客户端，而App Store是用于iPhone、iPad等手持设备上下载应用程序。

4.4.3 同步iPhone 4S

在iPhone 4S中通过App Store下载的应用程序会直接安装到iPhone 4S中，但是通过iTunes Store下载的应用程序则是存放在电脑中，还需通过同步功能才能安装到iPhone 4S中。同步应用程序的方法与同步音乐、视频等类似。

下面通过iTunes的同步功能将下载的应用软件同步到iPhone 4S中，并在同步之前对需要同步到iPhone 4S中的应用程序进行管理。

第1步：**选择应用程序**

连接iPhone 4S与iTunes，在导航栏中选择设备，然后选择"应用程序"选项卡，打开"同步应用程序"界面，选中"同步应用程序"复选框，然后将左侧需要同步的应用程序拖动到右侧的iPhone屏幕中。

第2步：**分类管理**

选择需要同步的应用程序后，在iPhone 4S的屏幕将两个相同类型的应用程序图标拖动到一起进行叠加，如将MikuFlick图标拖动到backStab图标上，此时将会新建一个文件夹，然后输入该文件夹的名称为"游戏"。

提示：在该界面中不仅能将应用程序同步到iPhone 4S中，还能管理iPhone 4S主屏幕上应用程序的位置。

第3步：**确认同步**

完成以上步骤后，单击 应用 按钮开始同步。同步完成后，所选择的应用程序便存在于iPhone 4S中了。

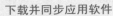

下载并同步应用软件

通过iTunes Store下载喜欢的应用软件，然后将下载的所有应用软件同步到iPhone 4S中，并在同步过程中，将应用软件进行分类处理，新建多个文件夹，将同类应用软件存放到同一个文件夹中，最后执行同步操作。

4.5 备份与还原

一大早，娜娜急急忙忙地找到阿伟，慌慌张张地说道："阿伟，昨天晚上我玩iPhone 4S的时候不小心把通讯录中一些重要的联系人和照片删除了，这可怎么办呀？"阿伟笑了笑回答道："没关系，只要你的电脑上保存有备份信息，只需要恢复这些数据就能找回你所丢失的东西。"

4.5.1 iTunes备份的基础知识

iTunes的一大特色就是能自动备份iPhone中的内容，并且备份的内容非常广泛，几乎涵盖了iPhone中的全部内容。

下面将介绍iTunes备份的几个基本知识。

1. iTunes在什么时候会进行备份

连接iPhone 4S与iTunes，使用iTunes进行同步操作时，会在同步的过程中进行自动备份。需要注意的是，当iPhone 4S与iTunes一直处于连接状态时，如果在连接过程中进行多次同步操作，则只有第一次操作才会同步。

在iTunes导航栏中右击设备名称，在弹出的快捷菜单中选择"备份"命令也可手动进行备份。

2. iTunes会同步哪些内容

仅仅知道iTunes会进行同步操作，而不知道iTunes同步了哪些内容，同样不便于之后进行回复操作。

下面介绍iTunes在备份过程中将会备份iPhone 4S的哪些内容。

▌ 通讯录：包括联系人及分组信息。

▌ 通话记录：包括最近通话记录中的已接来电、未接来电和已拨电话。

▌ 信息：包括短信、iMessage和彩信等内容。

▌ 电子邮件：主要包括电子邮件的配置信息。

▌ Safari浏览器：包括搜藏夹及设置。

▌ 多媒体：包括音乐、视频、铃声、播放列表和安装程序在PC上的目录位置信息等。

▌ 应用程序设置：包括游戏存档、书籍等，但不会备份应用程序本身。

▌ 声音设置：包括来电铃声、闹钟声音等。

▌ 网络配置信息：WiFi、蜂窝数据网、VPN和DaiLi服务等。

▌ 其他配置信息：系统自带的部分功能选项的设置信息，如输入法和系统界面语言等设置信息。

新手解惑

Q： 每次备份都不需要重新备份所有内容吗？

A： iTunes备份是增量备份，备份时只会备份与上次不同的地方。因此，如果一次性装入很多应用软件或者音乐视频，iTunes需要逐个搜索新增的内容，并按要求进行备份，以达到减少备份容量的目的。

3. iTunes将文件备份在什么地方

如果使用Windows XP操作系统，则备份的路径为"系统盘:\Documents and Settings\用户名\Application Data\Apple Computer\MobileSync\Backup\"文件夹下；如果使用的是Windows Vista、Windows 7、 Windows 8等系统，其备份路径为"系统盘:\Users\用户名\AppData\Roaming\Apple Computer\MobileSync\Backup\"文件夹下。

4. 备份文件可否删除

因为备份的内容太多，导致备份文件很大，并且其存放位置位于系统盘，这对于系统盘较小的用户而言，可能会略显压力。而对备份及恢复没什么要求的用户就可将其直接删除。

在知道了iTunes备份的目录后，可以进入目录手动将其删除。也可在iTunes界面中选择"编辑／偏好设置"命令，在打开的对话框中选择"设备"选项卡，在"设备备份"栏中选择备份文件，然后单击 删除备份(E)... 按钮，即可删除备份文件。

新手解惑

Q：iTunes 无法备份 iPhone，因为无法将备份存储在电脑上？

A：iTunes进行备份时如果出现"无法备份"的提示信息，则可能是电脑的硬盘分区的文件系统为FAT32，因为iTunes备份目录下存在很多长名文件，超出了FAT32的文件夹限制，因此建议将分区的文件系统修改为NTFS。另外，也可能是异常备份或iTunes的其他故障引起的，删除之前的备份或重装iTunes可能解决问题。还可能是备份文件夹损坏而造成iTunes无法将文件写入，此时则需要使用磁盘修复工具进行修复。

4.5.2 将备份还原至iPhone

成功备份文件后，如果错误地删除了通讯录、信息等内容，便可通过备份随时对iPhone进行恢复操作。

下面将介绍使用iPhone进行还原的方法。

1. 普通的恢复方法

常用的恢复操作是在iTunes导航栏中使用鼠标右键单击设备名称，在弹出的快捷菜单中选择"从备份恢复"命令，然后在弹出的对话框中单击 恢复 按钮即可。

2. 重刷iPhone后恢复

如果iPhone系统出现问题，则需要重刷系统，在重刷之后，连接iTunes与iPhone 4S，然后会出现"设置为新iPhone"、"从iCloud云备份恢复"和"从备份恢复"3个选项，选择"从备份恢复"选项即可将备份文件恢复到iPhone 4S中。

通过"从备份恢复"方法，iPhone将先进行恢复，然后再进行同步，使这次恢复只能恢复iPhone 4S的基本设置，如短信、相机胶卷和Safari设置等。此时应用程序可能还没有同步到iPhone 4S中，因此此次恢复是不完整的。所以在等待iPhone自动完成同步后，不要断开iTunes与iPhone 4S的连接，然后将需要的资源库中的所有内容同步到iPhone 4S中，然后继续在iTunes导航栏中用鼠标右键单击设备名称，在弹出的快捷菜单中选择"从备份恢复"命令，将包括应用程序在内的所有内容恢复。

教你一招

备份iTunes备份文件

电脑重装系统后，iTunes备份目录中的备份文件将会消失。为了避免这样的情况发生，可进入备份目录将备份文件复制到电脑的其他位置。在需要使用时，将复制的备份文件重新复制到iTunes的备份目录中，然后再进行恢复备份操作即可。

利用该方法，可以将备份文件复制到其他电脑中，进行恢复备份操作。但需要注意的是，iTunes的版本不能比创建备份的版本低。

4.6 强大的"云"同步——iCloud

通过阿伟的讲解，娜娜轻松地找回了误删的东西，此时娜娜突然想起她的一个同事是从外地来的，并且没有电脑，于是便问阿伟："如果没有电脑，要怎么进行同步呢？"阿伟听了娜娜的问题，觉得她问到了关键的东西，于是便开始向娜娜讲"云"概念以及iCloud服务。

4.6.1 未来的潮流

计算机领域的"云"概念是近年来才产生的一个概念，当手机逐渐向掌上终端发展的时候，"云"概念同样也在手机领域逐渐被广泛应用。苹果公司推出的iCloud便是服务于iPhone、iPad、iPod touch、Mac和PC等设备的云端服务。

下面将介绍云以及iCloud的相关知识。

1. 什么是云

"云"简单来讲是一种网络服务，凡是运用网络沟通多台计算机的运算工作或是透过网络联机取得由远程主机提供的服务等，都可以算是一种云端服务。利用"云"技术，可以将资源存放于"云"端，也能将大量的数据计算交给"云"端的服务器进行运算。

"云"的运行方式类似发电厂，发电需要昂贵的设备和人力，普通家庭根本无力承受，所以将发电资源集成给发电厂，这就相当于云计算中的"云"，用户在用电时只需向发电厂交少量的电费即可，这样方便了用户又降低了成本。

2. 什么是iCloud

iCloud可以存放照片、文档等内容，将它们以无线方式推送到你所有的设备中，使iPhone 4S的操作更加智能、流畅。

注册iCloud后，会自动获得5GB 的免费存储空间。但iCloud绝不仅仅是空中的一块硬盘，它能从你正在使用的任何设备上读取应用程序、音乐和照片等内容，让你所有设备上的电子邮件、通讯录和日历随时更新。

4.6.2 启用iCloud

默认情况下，iCloud并没有运行，需要手动设置后才能使用iCloud为你的设备提供服务。

动手 一试·

下面将在**iPhone 4S**中启动iCloud。

第1步：选择浏览的新闻标题

在**iPhone 4S**的主屏幕上点击"设置"图标，在打开的界面中点击iCloud选项，打开iCloud界面，在其中输入**Apple ID**账号和对应的密码，然后点击按钮。

第2步：同意条款并完成设置

在打开的"iCloud条款与条件"界面中点击按钮，并在弹出的对话框中点击按钮，开启iCloud服务。最后在弹出的对话框中点击按钮，允许iCloud使用iPhone的位置。

提示：若在设置iCloud之前，手机中保存有通讯录、日历、提醒事项和书签等内容，在同意条款后将会弹出对话框，询问是否与iCloud合并，点击按钮，将会自动把这次内容上传到iCloud中进行合并。

4.6.3 照片流

iPhone 4S的"照片流"功能可将新照片自动上传到iCloud，并在设备接入无线局域网时将这些照片自动下载到登录相同Apple ID账号的设备中，使所有设备上的照片能无缝连接。

启用iCloud后，在iCloud界面中点击"照片流"选项，在打开的"照片"界面中点击"照片流"后面的 ● 按钮开启"照片流"功能。

照片流中不仅仅包含了iPhone 4S所拍摄的照片，也包含了其他设备上传的照片。若想在iPhone 4S中查看照片流中的照片，可在主屏幕上点击"照片"图标 ，在打开的界面中点击"照片流"选项，进入"照片流"界面中，即可查看已经上传到iCloud中的照片。

提示：　"照片流"功能只有在设备接入无线网络时才会自动上传或下载，需注意的是，照片流只能保存最近30天内的1000张照片。在"照片流"中可将照片保存到相机胶卷，这样即可永久保存照片。

4.6.4 iCloud云备份

启用iCloud功能后，备份将不只是iTunes才具备的功能。但iCloud云备份与iTunes的备份的方法和条件都与iTunes的备份有所区别，并且第一次使用iCloud云备份还需要手动进行一些设置。

下面将开启iCloud云备份功能，并选择需要备份的内容，最后将所选内容进行备份。

第1步：选择浏览的新闻标题

向下滑动iCloud界面，点击"储存与备份"选项，在打开的"储存与备份"界面中点击"iCloud云备份"选项后的按钮，切换到 ⬤ 状态开启iCloud云备份功能。

提示：在"储存与备份"界面中可查看存储空间的存储状态，其中5GB是注册iCloud所获得的免费空间，因为第一次使用iCloud云备份，所以可用空间也是5GB。

第2步：开始iCloud云备份

开启iCloud云备份后，在弹出的对话框中点击 好 按钮，开始iCloud云备份的准备。

提示：如果iPhone 4S中内容太多，将弹出提示对话框，提示存储空间不足或将满，点击 按钮，可阅读来自iCloud发送的电子邮件。

第3步：**选择备份项目**

点击"管理存储空间/此iPhone"命令，在打开的"信息"界面中显示了当前的备份状态及备份内容，在"备份选项"栏中点击备份过大的内容后面的切换按钮，关闭该备份选项，如这里点击"道道通"和"豆瓣FM"选项后面的切换按钮，切换到 ⊂ ○ 状态，即表示iCloud云备份将不备份此项目的内容。

提示：应用软件备份的内容主要包括该软件的存档及存储项目，如"道道通"的地图文件将会占用4.5GB的备份空间，若用户并不需要，可将其取消。

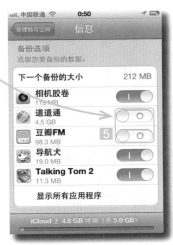

第4步：**选择浏览的新闻标题**

返回"储存与备份"界面，滑动到该界面最下方，点击 ▭立即备份 按钮即可开始备份所选择的内容，并根据当前无线局域网的网速估算剩余时间。

教你一招

扩大iCloud存储空间

购买的应用软件、音乐和下载的电子书、照片流等都不会计入iCloud免费存储空间。因此，只是电子邮件、文档、相机胶卷、账户信息、设置和其他应用软件的数据不会占用太多空间，5GB 的空间已经足够了。如果需要更大的存储空间，可以直接从已有设备上轻松实现现存储空间的升级。

其方法是在"储存与备份"界面中点击"购买更多存储空间"选项，在打开的界面中选择需要购买的大小，点击 购买 按钮，然后登录Apple ID，若登录的账户中有足够的金额，即可完成购买。

4.6.5 从iCloud云备份进行恢复

从iCloud云备份进行恢复的操作比使用iTunes进行恢复的操作要复杂一些，而且不能随时使用iCloud云备份进行恢复，只有在激活iPhone的过程中才能选择使用iCloud云备份进行恢复。

使用iCloud云备份恢复手机的操作方法是：激活手机时，在"设置iPhone"界面中点击"从iCloud云备份恢复"选项，然后根据提示进行设置后，经过一段时间的等待即可完成恢复并返回主屏幕。

此时各项系统设置、桌面图标排列、Safari书签、电子邮件、通讯录和信息等都已恢复完成。其中应用软件虽然没有备份，但iCloud记录了购买的应用软件，会在主屏幕上创建等待下载的软件图标。

跟我练习

使用iCloud云备份和照片流

首先在iPhone 4S中启用iCloud云备份，并打开"照片流"功能，然后进行iCloud云备份，将所有可以云备份的内容都备份至iCloud中。然后在一台全新的iPhone 4S中，通过iCloud云备份恢复，将之前iCloud云备份的内容恢复至全新的iPhone 4S中。

4.7 更进一步——资源管理小妙招

阿伟详细地给娜娜介绍了iTunes及iCloud的使用方法，现在娜娜再也不怕她的iPhone 4S会发生意外情况而导致文件、照片等内容丢失了。之后阿伟还告诉娜娜关于iTunes和iCloud的使用方法，还有以下几个妙招需要掌握。

第1招 创建家庭共享

现在大多数家庭都不止一台电脑，而多台电脑中的资源往往并不相同，为了能在多台电脑中实现资源同步，可通过iTunes启用家庭共享功能来进行。

启用家庭共享的方法是：在iTunes界面中选择"高级/启用家庭共享"命令，然后在打开的界面中输入Apple ID的账号和对应的密码，最后单击 创建家庭共享 按钮即可。

共享文件后，若需关闭共享，可选择"高级/关闭家庭共享"命令。

提示 ：选择"编辑/偏好设置"命令，在打开的对话框中选择"共享"选项卡，选中"在我的局域网共享我的资料库"复选框和"共享所选播放列表"单选按钮，然后在下方的列表框中选择需要被共享的项目。若选中"需要密码"复选框，然后输入密码，则当其他电脑访问时，需要输入密码才能使用共享的资源。

第2招　使用iTunes转换音乐格式

iPhone 4S对音乐的格式支持比较广泛，包括MP3、AAC、AMR、WAV和MID等格式。虽然支持多种格式，但是对于经常听歌的人来说，还是会遇见部分不被iPhone 4S支持的格式，其中WMA格式就是属于较常见但是不被iPhone 4S支持的音乐格式。

对于不被iPhone 4S支持的WMA格式，将其导入iTunes资料库中时，会弹出提示对话框，提示正在被添加的歌曲是WMA格式，iTunes会将其转换为AAC格式，单击 转换 按钮，即可将歌曲转换为AAC格式并添加到资料库中。若关闭对话框或单击 跳过 按钮，将不会被转换和添加。

第3招　Google Sync同步

Google获得Microsoft授权后发布了Google Sync产品，该系统采用Microsoft ActiveSync协议，以推送的模式同步信息。Google Sync可以帮助用户将iPhone内的信息，包括邮件、联系人、日历等资料与Google账号以及iTunes实时同步。

①在iTunes中选择设备，选择"信息"选项卡，选中"同步通讯录"复选框，在其后的下拉列表框中选择Google Contacts选项。再在弹出的对话框中单击 切换(S) 按钮，在打开的对话框中输入Google账号，在iTunes中应用设置。

②在iPhone 4S中点击"设置"图标，在打开的界面中选择"邮件、通讯录、日历/添加账户"命令，选择Microsoft Exchange选项，输入账户信息。其中"电子邮件"栏可输入任意你喜欢的名字；"域"栏保持为空；"用户名"和"密码"栏输入Google账户和密码。

③点击 下一步 按钮，在打开的界面中选择"服务器"选项，输入"m.google.com"再点击 下一步 按钮，最后在打开的界面中点击 存储 按钮，即可使用Google Sync进行同步操作。

第4招 使用iCloud

除了在手机中使用iCloud功能外，通过设置，还能在Windows系统中启用
iCloud，使邮件、联系人、日历与任务、书签和照片流与iCloud同步。

在电脑上下载并安装
"iCloud控制面板"，完成
后选择"开始/控制面板"
命令，在打开的窗口中选择
"网络和Internet/iCloud"命
令，启动iCloud控制面板。输
入Apple ID账号和密码登录
后，即可在电脑上设置iCloud
的项目。

在iCloud控制面板中选择与iCloud同
步的项目，即可将其与iCloud合并。如选
中"照片流"复选框后，iCloud中的照
片流将自动下载到电脑中，单击"照片
流"后面的 选项... 按钮，在打开的对话框
中可更改照片流的上传和下载文件夹。
如果在电脑中将照片放置到上传文件夹
中，则可以将其上传到照片流中供其他
设备使用。

第5招 通过提交信息解除电脑授权

一次性解除所有电脑授权的操作虽然简单，但是该操作一年只能进行一次，如
果在一年内需要解除5次全部授权，则可在官网中填写信息来实现。

登录Apple官网，在导航栏中单击"技术支持"超链接，然后点击"iTunes"图
标，在打开的页面中单击"联系支持"超链接，再单击 通过 Express Lane 获取 iTunes 支持 按钮，
然后选择"iTunes/iTunes store/账户管理"命令，单击 继续 按钮，再在打开的页面中
选中"iTunes 授权或取消授权问题"单选按钮，在其下方填写相关信息后单击 继续 按
钮，最后在打开的页面中登录Apple ID后填写"希望解除ITUNES 对电脑的全部授
权。"等信息，最后发送信息并等待处理结果即可。

4.8 活 学 活 用

（1）正确安装iTunes，并通过iTunes注册一个Apple ID账号，登录后选择"Store/对这台电脑授权"命令，输入注册的Apple ID账号和对应的密码，单击 授权(U) 按钮对这台电脑进行授权。

（2）将电脑中所有的音乐和视频文件都导入iTunes的资料库中，然后通过iTunes的同步功能将喜欢的音乐和视频文件同步到iPhone 4S中。

（3）为iTunes音乐库中喜欢的音乐设定时间，创建AAC版本，并将创建的AAC版本的音乐扩展名修改为m4r，使其成为铃声文件，然后将修改后的铃声文件重新添加到iTunes资料库中，最后导入到iPhone 4S，并在iPhone 4S的"电话铃声"界面中选择喜欢的铃声作为来电铃声。

（4）在iPhone 4S中启用iCloud，然后通过iCloud的云备份功能将iPhone 4S中的文件进行备份。

☑ 想通过iPhone与他人网上聊天吗？

☑ 想知道如何扩展自己的交友圈吗？

☑ 此时此刻你想在iPhone上读书吗？

第 05 章
iPhone的休闲世界

对iPhone 4S越来越熟悉的娜娜不再满足于只使用iPhone 4S自带的功能，于是便问阿伟平时喜欢使用iPhone 4S做哪些事。阿伟回答说："iPhone 4S可以做的事情很多，只要通过App Store下载各种应用软件，就可以使用其他的扩展功能。当工作疲劳或休息的时候，就会使用iPhone 4S的一些休闲功能来放松身心。其中最常用的还是和朋友聊天、看微博和小说等。下面我们就来体验一下这趟身心之旅吧！"

5.1 消除沟通障碍的通信工具

娜娜找到阿伟并请教了他一些小问题，阿伟对娜娜说道："如果下次你有类似的问题时，大可不必跑过来找我，可直接使用通信工具发消息和我交流。"阿伟停了停继续说道："现在手机上有很多通信工具，使用这些通信工具不仅能方便、快速地与好友聊天，还能结交不少朋友。"

5.1.1 各式各样的通信工具

作为手机的一项基本通信功能，**iPhone 4S**自带了通话、信息、**FaceTime**和**iMessage**等多种通信功能，但在信息及网络普及的时代，手机自带的通信功能并不能满足广大用户的需要。通过应用商店下载的各式各样的通信工具，不仅能方便地使用用户与其他人即时聊天，还具备与电脑相互沟通的功能。

手机通信工具种类繁多，虽然主要功能相同，但各自都具有不同的特色。下面将对最常用的几款软件进行简单介绍。

软件名称：**QQ**
资费标准：**免费**
软件特色：**QQ for iPhone**是基于**iPhone**、**iPod touch**平台的即时通信软件，通过该软件不仅可以随时随地与亲友交流，更可体验晃动换肤、发送地理位置和离线消息等**iPhone**特色功能，让手机聊天更有乐趣，沟通更具创意。

提示：QQ for iPhone是指在iPhone上运行的版本，而其他的QQ、手机QQ、QQ for Pad和QQ for Mac等是指用于其他平台的版本，这些版本之间均可互相通信。

软件名称：**MSN**

资费标准：**免费**

软件特色：**MSN与QQ类似，是Microsoft** 公司推出的即时消息软件，可以与亲人、朋友、工作伙伴进行文字聊天、语音和视频会议等，还可以通过该软件来查看联系人是否联机。微软MSN移动互联网服务提供包括手机MSN、必应移动搜索、手机SNS、中文资讯、手机娱乐和手机折扣等创新移动服务，满足了用户在移动互联网时代的沟通、社交、出行和娱乐等诸多需求，在国内拥有大量的用户群。

软件名称：**微信**

资费标准：**免费**

软件特色：**微信是腾讯公司推出的一个** 为智能手机提供即时通信服务的免费应用程序。只需消耗少量网络流量就可使微信跨通信运营商、跨操作系统平台，还可通过网络快速发送免费语音短信、视频、图片和文字、支持多人群聊等功能。微信通过网络传送，不存在距离限制，即使是国外的好友，也可以使用微信进行语音对话。

软件名称：飞信
资费标准：**免费**
软件特色：飞信是中国移动融合了语音、**GPRS**、短信等多种通信方式的综合通信软件，实现互联网和移动网的无缝通信服务。飞信可以不受任何限制地从PC发送短信到手机，随时随地与好友进行语聊，还能享受超低语聊资费。可使飞信实现无缝连接的多端信息接收，MP3、图片和普通Office文件都能任意传输，让您随时随地都能与好友保持畅快有效的沟通，提高工作效率。飞信的最大特色是移动用户间发送信息只收取流量费，如果好友不在线，信息将以短信的形式自动转发到对方手机上，保证信息即时发送不丢失。

新手解惑

Q：使用各类通信工具是否收费？

A：各类通信工具的大部分功能都是免费的，但需要使用网络流量来收发数据，而网络流量的资费与运营商有关。目前各大运营商提供的各种服务中，很多都包含有网络流量，如联通的合约机包含的3G流量、移动包含的2G流量等都可用于各类通信工具进行即时聊天。

需要特别注意的是，虽然各类通信工具在进行聊天通信时产生的网络流量数据量很小，但并不是完全不产生网络流量。当手机资费中包含的免费3G或2G流量用完时，再使用通信工具产生的网络流量将会被额外收费，具体收费标准与运营商有关，如联通3G在超出部分的国内数据流量，每KB将收取0.0003元费用。

除手机资费中包含的流量外，部分手机支持WiFi。当手机接入WiFi后，再使用通信工具，将不会再受到流量的限制。

▌5.1.2 安装并注册聊天工具

聊天工具的种类繁多，虽然功能各有不同，但其操作方法是基本相同的。所有的聊天工具在使用之前都需要先下载并安装，然后再注册账号。

下载和注册聊天工具的方法类似。下面将以微信为例，讲解在iPhone 4S中下载并注册聊天工具的方法。

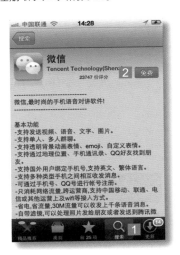

第1步：下载微信

点击iPhone 4S主屏幕上的App Store图标，在打开的界面中点击"搜索"图标，然后在搜索栏中输入"微信"，在搜索结果中点击"微信"选项，在打开的界面中点击 按钮，在弹出的对话框中登录Apple ID账号后开始下载微信。

第2步：运行微信

安装完成后，在主屏幕上找到并点击"微信"图标，启动微信，在经过欢迎画面后，进入微信的登录界面，然后点击 按钮。

提示：如果已有微信账号，可在该界面中点击 按钮，在打开的界面中进行登录即可。

第3步：注册微信

在打开的界面中输入手机号码，然后点击 ─ 按钮，打开"填写验证码"界面，此时手机将会收到来自腾讯网发出包含验证码的短信。在"填写验证码"界面中输入收到的验证码，再点击 ─ 按钮，此时将会弹出提示对话框，询问是否启用手机通讯录匹配功能，点击 ─ 按钮，可以在通讯录中查找开通微信的好友。

第4步：设置密码并绑定QQ

在打开的"设置密码"界面中输入密码，点击 ─ 按钮，在打开的"填写名字"界面中输入名称，继续点击 ─ 按钮，然后打开"绑定QQ号"界面，点击 ─ 按钮，并在弹出的对话框中点击 ─ 按钮，在打开的界面中输入QQ号和密码，最后点击 ─ 按钮，完成绑定。

提示：绑定QQ号码与匹配通讯录类似，可以在QQ好友中查询开通微信的好友，同时能接受QQ离线消息、QQ邮件等，若不需要，点击 ─ 按钮即可。

第5步：完成注册

绑定QQ号码后，即可完成微信的注册，并打开微信功能介绍的界面，向左滑动界面，在打开的最后一页界面中点击 并前我的微生活 按钮，即可进入微信界面，开始微信之旅。

提示：如果有QQ账号，可以直接使用QQ账号登录微信，在登录过程中只需要进行名称的设置以及手机通讯录匹配即可。

5.1.3 全新的聊天方法

熟悉了微信的注册方法后，使用类似的方法就能完成其他多款通信工具的注册，但第一次注册后的账号中没有好友，所以还需要添加好友才能进行聊天。

下面将以QQ为例，讲解登录、添加好友并与好友相互聊天的方法。

第1步：登录QQ

通过App Store下载并安装QQ，然后启动QQ，在打开的界面中点击"点此设置账号"选项，并在打开的"设置账号"界面中输入QQ号和密码，最后点击 完成 按钮，即可成功登录QQ。

提示：当第二次点击"点此设置账号"选项，在打开的界面中将会出现以前添加的账号和"添加账号"以及"注册账号"选项，点击以前的账号名称可以直接登录，点击"添加账号"选项可以添加其他账号。

第2步：查找好友

成功登录QQ后，点击"好友"图标 ，点击"添加"按钮 + 按钮，打开"添加QQ好友/群"界面，在"查找好友"选项卡的数值框中输入好友的QQ号码，然后点击 搜索 按钮最后点击"添加好友"按钮 ，即可成功添加该好友。

提示 ：iPhone版的QQ大部分功能与电脑版类似，不仅能聊天，还能进行视频以及语音通信，同时还支持文件的传输，可在聊天界面中点击相应的图标进行操作。

提示 ：点击"添加好友"按钮 ，可能会要求输入验证信息，这是对方设置的身份验证，用于防止被陌生人添加好友。

第3步：选择好友并聊天

成功添加好友后，返回"好友"界面，展开默认分组，选择添加的好友，进入聊天界面，在该界面中点击"图片"按钮 ，点击"从相册选择"选项，在打开的界面中选择照片并进行发送，然后在文本框中输入文字，最后点击 发送 按钮发送消息。

▌5.1.4 独特的推送通知

前面介绍了iPhone 4S的通知功能，该功能可以将iPhone 4S收到的信息推送到手机屏幕上，不仅支持手机自带功能的推送通知，同时也支持应用软件的消息推送。

现在大部分的聊天工具都具备后台在线的功能，即使返回主屏幕甚至是在锁屏状态下，如果有好友发来消息，iPhone 4S也能将接收到的信息推送到主屏幕或锁屏上。

如果需要修改推送通知的样式或关闭功能，同样可以在"设置"界面中点击"通知"选项，然后选择相应的应用软件进行设置即可。

iPhone 4S推送到主屏幕上的消息会以对话框的形式出现，点击对话框中的 Launch 按钮即可进入聊天工具中进行回复；如果锁屏时收到来自聊天工具的消息，此时直接滑动滑块即可进入聊天工具进行回复，十分人性化。

跟我练习

安装聊天工具，并在添加好友后与好友聊天

通过App Store的搜索功能，分别查找并安装MSN、"飞信"、"米聊"等聊天工具，然后将安装好的聊天工具进行分类。新建一个"聊天"文件夹，将所有的聊天工具放于该文件夹中，最后进入聊天工具并添加好友，与好友聊天。

5.2　简短却不简单的微博

　　介绍了聊天工具后，阿伟问娜娜："娜娜，如果你想知道一个人的的事情，会通过什么方式？"娜娜想了想回答说："除了直接问他本人和询问他身边的朋友，还有就是浏览他的微博。"阿伟笑了笑说道："你说的方法虽然可行，但是现在还有一种更为流行的方式，就是关注对方的微博。"

▌5.2.1　时尚的微博

　　微博是微型博客的简称，是一个基于用户关系的信息分享、传播以及获取平台，用户可以通过手机或电脑等方式，以简短的文字更新信息，并实现即时分享。美国的Twitter是最早也是最著名的微博，而国内的新浪网也于2009年8月推出"新浪微博"内测版，从此微博正式进入我们的视野。

　　微博虽然发展较晚，但是普及速度非常快，越来越多的人都开通了微博。下面介绍国内比较流行的微博。

软件名称：新浪微博

资费标准：免费

软件特色：新浪微博是由新浪网推出的微博服务，是国内目前最有影响力、最受瞩目的微博运营商。通过新浪微博不仅能及时获取国内外的热点新闻，而且通过关注好友、明星和专家等人物可以随时关注这些人发布的最新消息。其iPhone版本的客户端不仅能随时分享文字和图片，还拥有分享位置、查看周边内容和多账号登录等功能。

软件名称：**腾讯微博**

资费标准：**免费**

软件特色：腾讯微博是由腾讯公司推出的一项微博服务，支持网页、客户端和手机等平台，支持对话和转播，可以直接使用QQ号码作为登录账号，拥有广泛的用户群体，能与QQ互动也成了腾讯微博最大的特色。

软件名称：**搜狐微博**

资费标准：**免费**

软件特色：搜狐微博是搜狐网旗下的一个产品，如果你已有搜狐通行证，可以直接登录搜狐微博，将生活中发生的有趣的事情、突发的感想等，通过一句话或者图片发布到互联网中与朋友们分享。搜狐微博的主要功能与新浪微博及腾讯微博类似。此外，搜狐微博还拥有独有的语音功能，可以使用声音输入内容，而虚拟键盘也加入了搜狗拼音的功能，使得输入文字的效率大大提高。

Q：什么是微博的实名认证？

A：各大微博都推出了名人认证和企业认证等功能，可以让真实的明星、名人和企业等进行实名认证，避免身份混淆，引起公众误解，并且还能吸引对明星、名人和企业等有兴趣的用户关注到正确的人物或企业，从而实时了解其动态。成功认证后，认证用户的名字后有一个"V"标志，区别于普通用户，以免造成混淆。另外，北京市2011年12月推出的《北京市微博客发展管理若干规定》提出了"后台实名，前台自愿"的方式。微博用户在注册时必须使用真实身份信息，但用户昵称可自愿选择。新浪、搜狐和网易等各大网站微博都将在2012年3月16日全部实行实名制，采取的都是前台自愿、后台实名的方式。未进行实名认证的微博老用户，将不能发言、转发，只能浏览信息。

5.2.2　注册并发表微博

微博可以自由地关注想要关注的人，也能评论他人发表的微博，若自己有什么新鲜好玩的事情，还能将其发表，与他人共享。

下面将以新浪微博为例，讲解如何关注他人，并阅读被关注人发表的微博，最后将自己想说的话通过微博进行发送。

第1步：登录微博

通过App Store搜索并下载微博客户端，成功安装后，点击"微博"图标，启动微博，在登录界面中输入登录名称和对应的密码，最后点击 登录 按钮，登录微博。

提示：如果没有微博账号，可以点击 注册 按钮，然后在打开的界面中进行注册，其具体的操作方法与5.1.2节中注册微信的方法基本相同。

提示： "广场"界面中包含了多个图标，分别对应不同的功能，如点击"名人堂"图标，在打开的界面中可以查看各界明星及名人；点击"热门话题"图标，可以查看时下最热门的话题。

第2步： 浏览微博

登录微博后，点击"广场"图标，打开"广场"界面，在其中点击"人气草根"图标，在打开的界面中显示了许多该分类下的微博用户。

第3步： 添加关注

点击想关注人后面的按钮，如这里点击"冷笑话精选"后面的按钮，即可成功进行关注，并在弹出的对话框中点击"添加"按钮，然后在弹出的对话框中输入分组名称，这里输入"笑话"后点击按钮，最后在返回到的对话框中点击按钮，完成添加关注操作。

第4步：浏览微博

使用相同的方法关注其他人，然后点击"首页"图标，浏览被关注人所发表的微博，点击微博内容，打开微博正文的界面浏览该微博的详细内容。

提示：进入微博正文界面后，在页面下方点击"评论"按钮 可以查看其他人对该微博的评论，该按钮上的数字表示评论的数量。

教你一招

关注指定的人

通过点击"广场"界面中的多个图标，可以快速关注到知名度较高的明星、名人等；如果想关注指定的人，则可以通过搜索功能进行查找，然后关注。

点击"广场"界面中的"搜索"栏，在打开的搜索界面中输入对方的名称，并点击 按钮，最后点击 按钮，在搜索列表中选择搜索到的用户，并在其"资料"界面中点击 按钮即可关注此人。

第5步：发布自己的微博

返回"首页"界面中，点击"发表新
微博"按钮，然后在打开的界面中输
入微博的内容，点击"输入"界面中
的"插入图片"按钮，点击"用户相
册"按钮，在打开的界面中选择需要
插入的图片，编辑完成后，点击发送按
钮，发布这条微博。

第6步：查看微博评论

成功发布微博后，关注你的人会看见你
发布的微博内容，当对发表的微博有所
评论时，点击"消息"按钮，在打开
的界面中即可查看他人对你发布的微博
的评论。

提示：点击评论内容，在弹出的菜单
中点击"回复"命令，可以回复来自他人
的评论。

教你一招

编辑微博时常用的功能

技巧1：分享地理位置。可以在发布的微博内容中出现自己的当前地理位
置，如发现什么好吃的或好玩的，只需要插入地理位置然后再发
布，就能使他人直接调用地图查看你所处的位置。其方法是在编
辑微博时，点击"输入"界面中的"位置"按钮即可。

技巧2：呼叫好友。可以让好友及时查看并评论发布的微博，在编辑微博
时，点击"输入"界面中的"联系人"按钮@，然后在打开的界
面中选择联系人即可。也可以直接在编辑微博内容时输入"@"
符号，然后添加对方的名称。

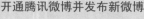

开通腾讯微博并发布新微博

通过App Store下载并安装腾讯微博，启动微博后，使用QQ号码直接登录微博。成功登录后点击"广场"图标，在打开的"广场"界面中点击"推荐收听"按钮，关注想要关注的人，然后再点击"主页"图标，在打开的界面中点击"广播"按钮，然后在进入的"广播"界面中编辑新的微博内容，最后发送编辑完成的微博。

5.3 流行的网络交友

自从娜娜注册微博后，有什么新鲜好玩的事都会更新到微博上，但因为才开通微博，好友人数不多，关注的人也很少，看到闷闷不乐的娜娜，阿伟就告诉她："想通过iPhone 4S认识更多的朋友，可在一些交友网站以及网络社区查找并添加好友，并且还能参与多种主题的讨论等。"

5.3.1 真实的社交平台

用户在网络中的名称可以随意修改，所以想通过网络找到没有固定联系方式的朋友并不容易。而实名化的社交平台可以提供一些真实信息，使我们能在浩瀚的网络中找到真实的朋友。

经过多年的发展，出现了很多社交平台，并且通过实名化，使得在这些社交网站上可以很容易地找到真实的朋友。下面将对常用的几个社交平台进行介绍。

软件名称：人人网

资费标准：免费

软件特色：人人网是校内网更名而来的，跨出了校园内部，更为了使社会上所有人都可以进行交流而发展的一个平台。通过每个人真实的人际关系，来满足各类用户对社交、资讯和娱乐等多方面的沟通需求。iPhone版的人人软件除新鲜事、好友、相册等功能外，还支持全站好友精准搜索、同步通讯录、拍照上传、报到等多重功能。其中独具匠心的报道功能除了能随时报告位置外，还能查找周边的商家，并列出有优惠活动的商家。

软件名称：开心网

资费标准：免费

软件特色：开心网是国内第一家以办公室白领用户群体为主的社交网站。开心网组件主要分为基础工具、社交游戏和其他应用三大类，使你与家人、朋友、同学和同事在轻松愉快的交流中保持更加紧密的联系。

软件名称：朋友网

资费标准：免费

软件特色：朋友网是腾讯公司打造的一个真实社交平台，为用户提供了行业、公司、学校、班级和熟人等真实的社交场景。并且依靠腾讯QQ这个广阔的平台作为支持，可使用户不必刻意寻找朋友，只需通过QQ中的好友便能轻松添加朋友，使其在短期内便聚集不少用户。

新手解惑

Q：如何准确查找到真实的好友？

A：以上介绍的社交网站都是实名化的真实社交平台，注册时都推荐使用真实的信息注册，以方便朋友进行查找。以在人人网上查找同学"王小明"为例，首先在"搜索"界面中点击"找同学"选项卡，然后在打开的"搜索"界面中选择学校类别，并输入详细的学校名称和入学时间，最后输入"王小明"，再进行搜索就可将搜索的结果锁定在很小的范围内，准确地找到真实的朋友。

5.3.2 广阔的网络社区

与微博及社交平台不同，网络社区汇集了非常多的用户，通过不同的主题所有人都可以参与讨论，甚至不需要注册账号便能随意浏览其他人发出的信息。

网络社区的发展比微博和社交网站都要长，所以围绕不同的主题或类型产生了很多不同的网络社区。下面将介绍常用的几个网络社区。

软件名称：百度贴吧

资费标准：免费

软件特色：百度贴吧是全球最大的中文网络社区，是结合百度搜索引擎建立的在线交流平台，在这里无论是大众话题还是小众话题，都能精确地聚集大批网友，展示自我风采，结交知心好友。iPhone版本的贴吧客户端是为iPhone用户量身定制的，相比网页版，不仅更节省流量，而且设计风格更加简洁，支持拍照传图和多账号，方便不同用户之间进行讨论交流。

新手解惑

Q：什么是网络社区？

A：网络社区是指包括BBS、论坛、贴吧、公告栏、群组讨论、在线聊天、交友、个人空间和无线增值服务等形式在内的网上交流空间。同一主题的网络社区集中了具有共同兴趣的访问者，涉及金融经贸、大型会展、高档办公、企业管理、文体娱乐等综合信息服务功能需求，同时与所在地的信息平台电子商务领域进行全面合作。

软件名称：猫扑

资费标准：免费

软件特色：猫扑是国内最大、最具影响力的论坛之一，也是网络词汇和流行文化的发源地之一。猫扑的主要用户人群在16~35岁，通过该网络社区可自由发挥自己的创意和个性，结识更多志同道合的朋友。而掌上猫扑便是为使手机用户能随时随地传播和分享互联网前沿文化，承载猫扑文化精髓，集猫扑大杂烩、猫扑贴贴论坛等内容为一体的客户端产品。

软件名称：天涯

资费标准：免费

软件特色：天涯社区自创立以来，以其开放、包容和充满人文关怀的特色受到了全球华人网民的推崇。其iPhone版本客户端则是以方便、快速、稳定、精简的设计原则为用户精心打造的。在方便用户浏览内容的同时，更能享受阅读的乐趣。

5.4 掌 上 阅 读

娜娜平时喜欢看各类书籍，但是作为上班族的她除了周末外并没有太多时间可以看书，虽然偶尔会带几本书在上班途中观看，但却很不方便。在熟悉iPhone 4S后，发现iPhone 4S中的"报刊杂志"功能可以查看报刊杂志，于是便问阿伟，iPhone 4S还有没有其他的阅读软件。

▌5.4.1 订阅报刊杂志

很多人都喜欢读书，但是现代社会的高节奏使得人们不方便在外随身携带书籍，因此很多人喜欢在手机中下载各类图书或使用手机上网读书。"报刊杂志"是iPhone 4S的一项重要升级，只需要简单的几个步骤，便能订阅各类报刊杂志。

下面将通过使用iPhone 4S的"报刊杂志"功能，在App Store中下载多本报刊杂志，并对其进行管理。

第1步：**打开报刊杂志界面**

点击"报刊杂志"图标▉，在打开的界面中点击"可以从App Store下载报刊杂志"超链接，打开App Store中的"报刊杂志"界面。

提示：点击"报刊杂志"图标▉，在打开的界面中若包含有报刊杂志，则不会显示"可以从App Store下载报刊杂志"超链接，此时可以点击文件夹右上角的▉▉按钮，进入App Store中的"报刊杂志"界面。

第2步：下载杂志

点击需要下载的报刊杂志，这里点击"网易女人时尚杂志"选项，在打开的界面中点击 免费 按钮，然后继续点击 安装报刊软件 按钮，开始下载该报刊杂志并将下载的报刊杂志自动保存到"报刊杂志"界面中。使用相同的方法下载多本杂志。

> **提示**：部分报刊杂志可能有年龄限制，在下载时只要在弹出的对话框中点击 好 按钮即可。

第3步：打开杂志

点击"报刊杂志"界面中下载的杂志，打开杂志。此时还不能直接查看杂志内容，还需要在打开的杂志中点击需要查看的具体内容，然后进行下载查看。这里点击"2010年3月 第1期"进行下载，下载完成后点击进入即可查看该杂志的内容。

Q：如何查看报刊杂志

A：查看报刊杂志的操作比较简单，而且大部分报刊杂志的操作都相同。成功下载杂志后，进入杂志的内容界面，然后滑动杂志的内容即可浏览。如果不熟悉查看杂志的具体操作，部分报刊杂志提供了"新手引导"功能，以下载的"网易女人"为例，点击杂志界面中的"新手引导"选项，在打开的界面中查看对该杂志的详细操作即可。

5.4.2 丰富的阅读软件

"报刊杂志"虽然可以很方便地下载各类报刊杂志，但其局限性就是不能下载或阅读喜欢的书籍。电子书作为小说、文献等传统书籍的另外一种载体，越来越受到人们的喜爱。在iPhone 4S上观看电子书，不仅能消磨无聊的时间，还能丰富自身的阅读量。

要在iPhone 4S上看电子书，需要通过一些相应的应用软件来实现，下面就介绍常用的几款观看电子书的软件。

软件名称：**iBooks**

资费标准：**免费**

软件特色：iBooks是应用在各种苹果设备中的阅读和购买书籍的工具。通过iBooks内置的iBookstore可以获得很多经典和畅销书籍。当你下载了一本书时，这本书便会显示在你的书架中。或者也可以使用iTunes把ePub和PDF书籍添加到你的书架中。你只要轻点需要查看的书籍，就可以开始阅读了。iBooks会自动记录你所在的位置，因此你可以很轻易地返回之前的位置。

软件名称：**Apabi Reader**

资费标准：**免费**

软件特色：支持CEBX、EPUB、PDF和TXT等多种常见的文档格式，不仅保留了传统的各项经典功能，更能带给你灵活舒适的阅读体验。其在线书库与iBooks内置的iBooksStore相似，都能随时下载喜欢的书籍，并且该软件还能通过iTunes、WiFi、邮件或其他软件进行导入阅读，是一款非常方便的阅读器。·

软件名称：有报天天读

资费标准：￥12.00

软件特色：很多人喜欢读报，是因为报纸有较快、较全的资讯，但报纸与书籍同样不方便随身携带。"全国报纸总汇——有报天天读"不仅汇集了全国各地的报纸内容，可方便浏览全国各地知名报纸头版头条、重大新闻、您身边发生的所有大事小情等，而且其阅读方式像阅读纸质报纸一样方便。

新手解惑

Q：其他常用的阅读软件还有哪些？

A：除以上介绍的几款阅读软件外，通过App Store还能下载到很多款不同风格的阅读软件。其他比较常用的还有GoodReader、iReader、熊猫看书、AIReader、Stanza、QQ阅读等，虽然品种繁多，但基本的操作方式都相同，可以根据个人使用习惯选择其中一两款便可。

▌5.4.3 导入电子书

报刊杂志、iBooks、Apabi Reader等多款iPhone 4S上的阅读工具都提供了在线下载图书的功能，除了通过软件提供的商店下载外，还能通过iTunes将电脑中的各类电子书导入到阅读工具的文档中。

动手一试

下面将通过iTunes的导入功能将电脑中的电子书导入到iPhone 4S的Apabi Reader应用软件中。

第1步：选择应用程序

通过App Store搜索并下载Apabi Reader应用软件。启动iTunes，在iTunes的导航栏中选择设备，然后选择"应用程序"选项卡，在打开的界面中选择应用程序栏中的Apabi Reader选项。

第2步：选择电子书

在右侧将打开"'Apabi Reader'的文稿"栏，单击 添加... 按钮，在打开的对话框中选择需要添加的电子书，最后单击 打开(O) 按钮，将所选的电子书添加到"'Apabi Reader'的文稿"栏中。

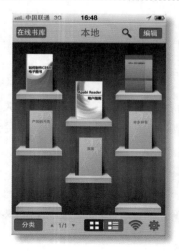

第3步：查看电子书

完成添加后，iTunes会将选择的电子书导入到Apabi Reader应用软件的文档中。点击iPhone 4S主屏幕上的Apabi Reader图标，便可查看通过iTunes导入的电子书。

提示：使用类似的方法，还可以将电脑中的电子书导入到其他阅读工具中。

跟我练习

使用iReader查看电子书

通过App Store下载iReader应用软件，然后在iReader中点击右上角的 书城 按钮，进入iReader的书城，并在该书城中下载喜欢的书籍。完成下载后再启动iTunes，通过iTunes的导入功能将电脑中的电子书导入到iReader应用软件中，最后通过iReader应用软件阅读其中的电子书。

5.5 更进一步——通信浏览小技巧

通过阿伟的讲解，娜娜不仅能通过iPhone 4S轻松与别人聊天，还能熟练地发送微博、逛论坛、看杂志等。此时阿伟告诉娜娜，要熟练地使用iPhone 4S还需要掌握以下几个技巧。

第1招 使用搜狗输入板

默认情况下，使用iPhone 4S输入文字时候，其虚拟键盘是虚拟的全键盘。虽然全键盘有利于提高文字输入的速度，但当单手操作或者在走动途中输入文字时，可以使用其他输入法软件来帮助文字的输入。

搜狗输入板是一个强大的短信、邮件和微博发送工具，内置的搜狗输入法为用户提供了九宫格键盘和全键盘，满足不同输入习惯的用户。如当文字输入完成后，选择"短信"再点击右上角的 ✈ 按钮，然后在转到的信息编辑框中添加联系人后即可发送。

第2招 扩展交友的圈子

　　在使用腾讯QQ和微信时，不仅可以和好友互相聊天、对话，还能通过查找附近的人，扩展自己的朋友圈子。

　　在使用QQ聊天时，点击"会话"界面右上角的"位置分享"按钮 ，然后再点击 立即行动 按钮，便能在分享自己当前位置的同时查找附近同样分享了位置的人。

　　微信的"摇一摇"功能也能查找附近的人。只要拿起手机摇一摇，便能轻松搜寻同一时刻正在摇手机的人。

第3招 Safari阅读器

　　因为专业网站的更新速度较快，所以很多人喜欢在网上在线查看各类电子书。

　　使用iPhone 4S自带的Safari浏览器在线浏览文字量信息较多的网页时，其地址栏右侧将出现 阅读器 按钮，点击该按钮能进入阅读模式，便于在线观看各类长文档、小说等。

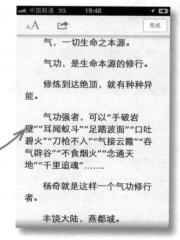

第4招 语音通信软件

网络电话可以通过互联网直接拨打对方的固定电话和手机。iPhone版的Skype就是一款不错的网络电话。

使用Skype通过3G或WiFi可以和世界上任何地方的Skype用户视频聊天、多人聊天、传输文件以及收发短信等，并且不收取额外的费用。

如果联系人没有使用Skype，仍然可以拨打对方的电话，并且无论是国内还是国际电话都可以享受超值优惠费率。

此外，YY语音是一款免费团队语音软件，不仅可以在上面和好友语音聊天，还能听歌听直播，和几千几万人同时在线用语音群聊，与好友聊天时还可实时显示已发出的文字状态，支持发送表情、图片、照片、语音对讲、一对一IP电话，并且还能在YY上与众多人群K歌娱乐。

5.6　活　学　活　用

（1）通过App Store搜索并下载QQ 2012，下载完成后，启动QQ 2012应用程序，进入其登录界面，然后登录QQ账户，最后添加好友并与好友聊天。

（2）通过iPhone 4S的"报刊杂志"功能下载并观看"财经"杂志，然后通过App Store搜索并下载Stanza，最后使用iTunes将电脑中的电子书导入到名为Stanza的文档中并观看导入的电子书。

☑ 想知道如何使用iPhone 4S听歌吗？

☑ 如何在iPhone 4S上看视频？

☑ 想知道iPhone 4S能玩哪些游戏吗？

Life
NEW CENTURY

第 06 章
就是爱娱乐

　　iPhone 4S的强大功能使娜娜对这款手机爱不释手，每当空闲之余便拿出手机把玩。但是作为才使用iPhone 4S不久的新手，娜娜对于iPhone 4S的了解程度依然有限。于是娜娜继续询问阿伟："我平时经常使用电脑上网听歌、看视频和玩游戏，听说在iPhone 4S上也能轻松地做到这三件事，能给我具体讲讲吗？"阿伟回答说："之前我给你讲解了通过iTunes同步音乐和视频，今天再给你讲讲音乐和视频的具体使用方法以及一些扩展的应用软件，最后再给你推荐几款流行的游戏吧。"

6.1　一流的音乐享受

阿伟给娜娜讲解iTunes的相关知识时，讲解了如何将音乐文件导入iPhone 4S中，但是娜娜却不知道如何使用iPhone 4S中的影音功能，因此阿伟便决定教娜娜一些使用的技巧，帮助娜娜熟练掌握影音功能。

6.1.1　别致的音乐体验

音乐播放功能是手机必备的功能之一，是否具备良好的音乐体验也是很多人在选择手机时重点考虑的因素之一。iPhone 4S内置的音乐播放器便能为用户带来不错的音乐体验。

下面将介绍在iPhone 4S中新建列表并播放音乐的方法。

1. 新建播放列表

播放列表是将音乐进行划分的一种很好的方式，通过管理播放列表，可以轻松地将iPhone 4S中的音乐进行分类处理。

下面将在手机中新建播放列表，并在新建的播放列表中添加喜欢的音乐。

第1步：新建播放列表

点击iPhone 4S主屏幕中的"音乐"图标，然后点击"播放器"界面中的"播放列表"图标，在打开的"播放列表"界面中点击"添加播放列表"选项，然后在打开的"新建播放列表"对话框中输入列表名称，这里输入"我的最爱"，最后点击　　按钮。

第2步：添加歌曲

在打开的界面中点击拟添加歌曲后面的
⊕按钮，当歌曲名称变为灰色时，表示
该歌曲被选中，最后点击████按钮，即
可将所选的歌曲添加到播放列表中。

提示：添加歌曲时，点击屏幕下方
的"表演者"图标███或"专辑"图标
███，在打开的界面中可以按照表演者或
专辑的分类添加歌曲。

2. 播放音乐

在"音乐"界面中通过简单的操作
便能轻松地播放音乐，并且iPhone 4S播
放音乐的界面比较简洁，给人一种轻松
愉悦的感受。

■ 通过播放列表播放音乐

成功添加播放列表后，通过播放
列表播放音乐将只会播放列表中存在的
歌曲，其方法是：点击播放器界面中的
"播放列表"图标███，在打开的界面中
选择需要的列表，然后在打开的界面中
点击任意一首歌曲即可开始播放。若点
击"随机播放"选项，将随机播放该列
表中的所有音乐。

■ 通过分类播放音乐

除了通过播放列表播放音乐外，还可以通过表演者、歌曲、专辑等分类播放
音乐，其方法是分别点击屏幕下方对应的图标，在打开的界面中选择相应的选项即
可。若选择"表演者"或"专辑"，在打开的界面中选择相应的选项将只会播放所
选选项包含的音乐，如选择专辑中的一个专辑，则会播放该列表中的音乐。

■ 通过Cover Flow界面播放

选择除"更多"界面外的界面，横置手机，将会以Cover Flow界面显示。该界面是苹果首创的将多首歌曲的封面以3D界面的形式显示出来的方式，在该界面中左右滑动可以切换专辑，点击专辑封面便可显示该专辑包含的曲目。

3 切换歌曲

快速切歌也是音乐播放器一项不可缺少的功能，为了提升用户的使用感受，iPhone 4S提供了多种切歌的方法。下面将对iPhone 4S的切歌方法进行介绍。

■ 在播放界面中切换

当在音乐播放器中播放音乐时，在其播放界面中点击"下一曲"按钮▶▶可以向下切换歌曲；点击"上一曲"按钮◀◀可以向上切换歌曲；点击"播放/暂停"按钮▮▮可以播放或暂停当前播放的歌曲。

提示：若点击歌曲播放进度条左下角的↺图标，该图标将会在↺、↻和🔂3种状态间切换，分别表示不循环播放当前列表、循环播放当前列表和循环播放当前歌曲。若点击播放进度条右下角的🔀图标，该图标将会在🔀和🔀图标之间进行切换，分别表示顺序播放当前列表和随机播放当前列表。

■ 在任务栏中切歌

未锁屏时，在任意界面中快速按两次Home键，向右滑动打开的任务栏，便可出现音乐播放器的控制按钮。

■ 锁屏时切歌

当手机处于锁屏状态时，快速按两次Home键，将会在锁屏中出现音乐播放器的控制按钮，同样可以对歌曲进行快速控制。

■ 线控切歌

iPhone 4S原装的耳机同样可以用于音乐播放器的控制。耳机上集成了3个按钮，分别是增加音量键、减少音量键和控制键，依次按控制键可以在播放和暂停之间进行切换，快速按两次控制键将向下切换歌曲，而快速按3次控制键，将向上切换歌曲。

■ 晃动切歌

点击主屏幕上的"设置"图标█，在打开的界面中点击"音乐"选项，然后在打开的"音乐"界面中点击"摇动以随机播放"后方的█按钮，开启晃动切歌功能。此时，在音乐的播放界面中通过晃动手机便可切换歌曲。

■ 蓝牙切歌

iRing目前是苹果的一款概念产品，它具备触摸感应技术，可以通过蓝牙控制音乐的播放和音量。

iPhone 4S上的OLED显示屏可以显示戒指的状态。它的触控设计能轻松控制音乐播放，旋转戒指时通过戒指和手指的摩擦来调节音量，按下戒指一端就可以锁定戒指，并且iRing充电也十分方便，充一次电可持续使用两天。

6.1.2 功能更强大的音乐播放器

iPhone 4S自带的音乐播放器虽然漂亮，但是部分歌曲只能通过iTunes同步到手机中，而且缺少网络功能，在某些时候并不方便。

下面将介绍可在iPhone 4S上使用的功能更强大、完善的音乐播放器。

软件名称：**酷我音乐**

资费标准：**免费**

软件特色：酷我音乐不仅可以听手机中保存的音乐，而且还提供了百万首高品质的正版音乐，只需一键搜索便可找到自己需要的歌曲。同时还支持电脑客户端同步的酷我音乐的"我的收藏"播放列表，另外，歌词的显示也是该软件的一大特色，对于想学唱歌的人来说很有帮助。

软件名称：**豆瓣FM**

资费标准：**免费**

软件特色：该软件不能播放本地音乐，只能选择如"新歌MHz"、"华语MHz"、"欧美MHz"等不同的频道来收听音乐。其中，"私人MHz"是专属个人电台，后台机器人会不断模仿和学习你的口味，向你推荐符合你口味的音乐。听到喜欢的歌曲，点击"红心"按钮，后台机器人将会推荐更多与这首歌类似的歌曲；听到不喜欢的歌曲，点击"垃圾桶"按钮，这首歌将不再出现，并且后台机器人将会少推荐同类的歌曲。

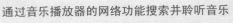

跟我练习

通过音乐播放器的网络功能搜索并聆听音乐

打开**App Store**，搜索并下载"酷狗音乐"应用软件。打开"酷狗音乐"应用软件，点击屏幕下方的"网络曲库"图标◎，在打开的界面中点击"搜歌"选项卡，然后在文本框中输入搜索的内容，如这里输入"马克西姆"，输入完成后点击文本框后的"搜索"按钮🔍，最后在搜索结果中点击歌曲名称，即可开始播放该歌曲。

6.2 精彩大片随身看

娜娜不仅喜欢听歌，还很喜欢看视频，但是由于工作的原因，不能随身看自己喜欢的视频，于是便向阿伟请教如何使用iPhone 4S看视频。阿伟告诉娜娜，使用iPhone 4S不仅可以观看手机中存储的视频，还能利用网络在线观看网络上的视频。

6.2.1 视频播放器

iPhone 4S提供了一个"视频"功能，只要合理地使用iTunes同步需要的视频，便可以轻松地在手机中观看视频文件。

使用iTunes将视频文件同步到iPhone 4S中，然后点击iPhone 4S主屏幕上的"视频"图标，在打开的界面中将显示出同步到iPhone 4S中的视频文件，点击其中任意一个即可开始观看。

知识点拨

iPhone 4S自带的"视频"功能支持的格式有限，下面介绍几款可以支持更多格式的视频软件。

软件名称：RushPlayer
资费标准：￥18.00
软件特色：RushPlayer（极速影音）是最好的影音播放器之一，在保证画质清晰的同时还能流畅地播放720p和1080p的RMVB、MKV、AVI和WMV等格式的影片。另外，RushPlayer的流媒体囊括了国内外的电视台和电台资源，可随时收看电视节目和收听各类电台，并且支持后台服务器，以保证资源的稳定与高清。

地图名称：AVPlayer
资费标准：¥18.00

软件特色：AVPlayer的解码能力与视频播放能力和RushPlayer相当，都是非常优秀的全能播放软件。相比RushPlayer，该软件并没有流媒体支持，只能播放本地的视频文件，但该软件支持外挂字幕文件，这在观看不自带字幕的外语视频时，是一项非常实用的功能。

6.2.2 导入并播放视频

使用iTunes可以将视频文件同步到iPhone 4S中，但是通过同步的视频文件不能被RushPlayer或AVPlayer读取，只能将视频文件导入到应用软件的文档中才能顺利地在手机中播放。

下面将通过iTunes将视频文件导入到AVPlayer中，再通过AVPlayer播放导入的视频文件。

第1步：选择应用程序

通过App Store搜索并下载Apabi Reader应用软件，启动iTunes。在iTunes的导航栏中选择设备，然后选择"应用程序"选项卡，在打开的界面中选择"应用程序"栏中的AVPlayer选项，单击 添加 按钮。

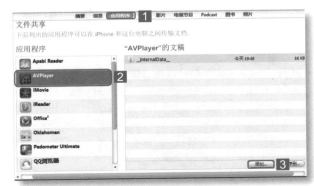

第2步：选择视频

在打开的对话框中选择需要添加的视频，如这里选择"春与修罗"视频，最后单击 [打开(O)] 按钮，将选择的视频添加到'AVPlayer'的文稿"栏中。

第3步：查看视频同步

完成添加后，iTunes即将所选择的视频文件导入到AVPlayer应用软件的文档中。点击iPhone 4S主屏幕上的Apabi Reader图标 ，选择Media Explorer选项，打开文档界面，选择视频文件即可播放该视频。

新手解惑

Q：这3个播放器各有什么优缺点？

A：iPhone 4S自带的视频功能可以直接使用，并能清晰流畅地播放720P和1080P的视频文件，但只支持MP4、3GP和MOV3种格式；RushPlayer拥有强大的解码功能，可流畅播放市面上常见的各种格式；AVPlayer同样支持常见的各种格式，而且支持字幕同步显示，但是对RMVB各种格式的解码能力不强。

6.2.3 精彩的在线视频

将视频文件同步到iPhone 4S或导入到手机播放器的文档中虽然是一个不错的选择，但却要受到iPhone 4S内存容量以及电脑中视频资源的限制，不能随时观看想看的各种视频，而在线视频以其丰富的视频资源便成了最佳的选择。

下面将介绍常用的几款在线视频播放器。

软件名称：**PPS影音**

资费标准：**免费**

软件特色：**PPS是优秀的在线视频播放软件，无须注册，直接安装即可使用。它依赖于PPS独有的视频传输、压缩技术和丰富的视频媒体资源，为用户提供了便捷、稳定、流畅的视频播放体验。并且通过分类将丰富的视频资源分为了多种类别，再加上搜索功能的支持，用户可以轻松地查找各类电影、动画、电视剧和MTV等，其直播频道还能在线观看各地电视的直播。**

新手解惑

Q：在线观看视频是否收费？

A：除部分特殊的视频外，目前大部分提供在线视频观看的软件都不额外收取费用。但如果使用3G流量观看视频，由3G流量产生的费用将由运营商收取，所以推荐使用WiFi进行在线视频观看。

软件名称：PPTV

资费标准：免费

软件特色：PPTV与PPS类似，也是常用的一款在线视频播放软件，可在线观看电影、电视剧、动漫、综艺、体育直播、游戏竞技和财经资讯等丰富的视频娱乐节目。与PPS不同的是，PPTV不仅能在线观看各大电视台的直播节目，还能预定各电视台的精彩节目。

软件名称：CNTV

资费标准：免费

软件特色：CNTV（中国网络电视台）是中国国家网络电视播出机构，是以视听互动为核心、融合网络特色与电视特色于一体的全球化、多语种、多终端的公共服务平台。对于喜欢观看央视节目的人群来说，这是一个不错的选择，不仅能在线观看央视各台的直播，还能点播"百家讲坛"、"天下足球"、"篮球公园"和"焦点访谈"等央视精品节目。

教你一招

播放各大视频网站的视频

国内有很多视频网站可以提供在线视频观看。视频网站更新速度快，涵盖内容广泛，所以很多用户都习惯通过视频网站观看视频，通过视频网站观看视频有以下两个技巧。

技巧1：为了适宜iPhone 4S较小的显示屏，一些视频网站针对iPhone推出了客户端，通过专为iPhone 4S设计的客户端能更方便地点播视频节目。

技巧2：并不是所有的视频网站都推出了客户端，对于那些没有提供客户端的视频网站来说，通过Safari浏览器也可以直接访问其网站的视频。通过Safari浏览器访问视频网站，在打开的页面中点击"视频"链接，即可在弹出的播放器中播放所选择的视频。

跟我练习

通过App Store下载播放器并点播视频

通过App Store搜索免费的在线视频播放器——"奇艺影视"，并进行下载安装，完成后进入该应用软件中。点击右上角的"搜索"按钮，然后在打开的界面中输入"泰坦尼克号"，最后在搜索到的列表中点播与"泰坦尼克号"相关的视频文件。

6.3 游戏人生

给娜娜讲解了关于播放音乐和视频的相关问题后,阿伟继续对娜娜说道:"iPhone受到各界人士的欢迎,与其强大的娱乐功能是密不可分的。iPhone独特的游戏体验及品种繁多的游戏种类也成为了不少人选择iPhone的一个重要理由。"

▌6.3.1 品质优良的角色扮演游戏

角色扮演游戏可以让玩家扮演虚拟世界中的一个或者几个特定角色,并在特定场景下进行游戏。优秀的画面、动听的音乐、独特的故事以及良好的操作手感,通过游戏中的人物,将玩家带到全新的游戏世界,体验不同的世界观,这使得角色扮演游戏成为很多人的至爱。

下面将介绍几款iPhone 4S中品质优良的角色扮演游戏。

游戏名称:**Infinityblade 2**
资费标准:**¥45.00**
游戏大小:**791MB**
开发商:**Chair Entertainment Group**

软件特色:Infinityblade 2又名"无尽之剑2",是使用Epic顶级的虚幻引擎3技术制作的,拥有美轮美奂的3D世界,令人惊叹的视觉效果、全新的战斗方式以及高级角色定制功能,将手持移动平台的游戏质量提升到了一个新的高度。游戏充分利用了iPhone 4S触屏的优点,摒弃了复杂的界面,通过特定的操作实现砍杀、格挡、防御、爆气、魔法和最后一击,为玩家呈现了完整而且精致的画面,加上爽快的打斗系统,充分展示了强大的游戏性能。

游戏名称：BackStab

资费标准：￥45.00

游戏大小：584MB

开发商：Gameloft S.A.

软件特色：BackStab又名"芒刺在身"，用户在游戏中将扮演亨利·布雷克，一个生活支离破碎，为正义和复仇不断前行的男人。

游戏拥有优良的3D画面，爽快的打斗系统，玩家在体验游戏的同时还能见证一个充满背叛和复仇的动作传奇故事，并能探索18世纪壮丽的加勒比海岛。

6.3.2 动感十足的赛车游戏

赛车游戏凭借速度、狂野和竞技等要素，一直以来都是各游戏平台上备受关注的一类游戏，玩家在游戏中最重要的体验就是"最快"。

下面将介绍几款iPhone 4S中品质优良的赛车游戏。

游戏名称：Asphalf 6

资费标准：￥6.00

游戏大小：569MB

开发商：Gameloft S.A.

软件特色：Asphalf 6又名"狂野飙车6-火线追击"，充分利用了iPhone 4S的超强性能，玩家可体验到在世界各地的赛道中疾速飞驰的乐趣。游戏中玩家可以驾驶42种豪华赛车，参加11个等级、55个场地的赛车竞赛。另外，接入WiFi网络后，可以同世界各地的玩家一同竞赛。游戏也支持Airplay和HDMI中，可将游戏画面输出到电视荧幕上，并且支持4名玩家分屏竞赛。

游戏名称：Hot Pursuit
资费标准：￥12.00
游戏大小：383MB
开发商：EA Swiss Sarl

软件特色：在以往的赛车游戏中，玩家通常是扮演赛车手参与各种比赛，而在Hot Pursuit中，玩家不仅可以体验赛车手的激情，还能驾驶高速警车，拦截疯狂的赛车手。

Hot Pursuit又名"极品飞车：热血追踪"，玩家通过本地WiFi或蓝牙，与好友进行一对一竞技，展开追逐或被追逐之战，在高速公路上展开终极的猫捉老鼠大战。

▌6.3.3 放松身心的休闲娱乐游戏

感受完紧张激烈的角色扮演游戏和赛车游戏后，再玩几个休闲娱乐类游戏放松一下身心也是不错的选择。休闲游戏因其独特的游戏性、轻松的内容，也备受玩家欢迎。

下面将介绍几款iPhone 4S中品质优良的休闲游戏。

游戏名称：愤怒的小鸟
资费标准：￥6.00
游戏大小：12.6MB
开发商：Rovio

软件特色：其主要剧情是愤怒的小鸟生存危在旦夕，为了报复偷蛋的贪吃猪，使用每只鸟独有的力量摧毁贪吃猪的防御。

游戏是十分卡通的2D画面，看着愤怒的红色小鸟，奋不顾身地往绿色肥猪的堡垒砸去，那种奇妙的感觉还真是令人感到很欢乐。

游戏名称：植物大战僵尸
资费标准：￥18.00
游戏大小：78.6MB
开发商：PopCap Games

软件特色："植物大战僵尸"虽然是2009发售的游戏，但该游戏集成了即时战略、塔防御战和卡片收集等要素，因此极富策略性和可玩性，至今依然拥有大量的玩家。该游戏拥有独特的5种游戏模式，即冒险、迷你、益智、生存、花园，还

有多达50种冒险模式关卡设定，从白天到夜晚，从房顶到游泳池，场景变化多样，战术范围包括宽广。植物的搭配、战斗时的阵型、植物与僵尸相遇的地点是玩游戏的关键。

软件名称：Swampy
资费标准：￥6.00
游戏大小：36.2MB
开发商：Walt Disney
软件特色：Swampy又名"鳄鱼小顽皮爱洗澡"，是一款基于物理原理的解谜游戏。拥有细致的图像、多点触控及出色的音质效果，是一款非常有趣味的益智游戏。游戏中讲述的是住在城市下面的鳄鱼小顽皮希望过上人类一样的生活，它非常喜欢干净，可鳄鱼大顽固不满小顽皮的怪癖，密谋破坏小顽皮的水源供应，玩家需要帮助小顽皮把水引到他的浴缸，帮助小顽皮洗澡。

6.3.4 实况模拟的体育竞技游戏

体育竞技以体育竞赛为主要特征，是以创造优异运动成绩、夺取比赛胜利为主要目标的活动。体育竞技游戏则是为了满足不同玩家的竞技需求而应运而生的游戏。

下面将介绍几款iPhone 4S中品质优良的体育竞技游戏。

游戏名称：世界足球 2012
资费标准：免费
游戏大小：614MB
开发商：Gameloft S.A.

软件特色： "世界足球2012"加入了足球新赛季，并重现电视上的经典对抗，拥有强大的自定义工具包、有趣的足球社区。

游戏操作简单，只需使用手指轻轻地触摸屏幕，便能控制数以千计的真实球员姓名、350支球队，参与包括英国、西班牙、法国、德国以及南美等在内的14大冠军联赛。

游戏名称：Let's Golf! 3
资费标准：免费
游戏大小：731MB
开发商：Gameloft S.A.

软件特色： Let's Golf! 3让玩家在长城、外太空等多处奇幻场地体验打高尔夫的乐趣。通过在线或本地连接，可与多名玩家共同挑战，如果玩家较多，还可以在同台设备上对决争锋。

6.3.5 苹果游戏中心——Game Center

Game Center是专为游戏玩家设计的社交网络平台，简化了兼容游戏中多人对战的配对，另外还可通过成就系统和积分榜为玩家提供炫耀的资本。

借助Game Center，用户可以收发朋友请求，也可以邀请朋友参与多人游戏。除此之外，系统还可以自动为用户寻找游戏玩伴。用户可以在Game Center中看到游戏中的玩家排名和成绩，并且可以借助朋友推荐来寻找新游戏。

1. 注册Game Center

使用Game Center前需要先注册，然后才能使用其功能。

下面将讲解如何注册Game Center。

第1步：进入页面

点击主屏幕上的**Game Center**图标，在打开的界面中输入已注册的**Apple ID**账号，然后点击"登录"选项，在打开的界面中将弹出一个对话框，点击 按钮。

第2步：注册

继续进行操作，在打开的界面中设置国家和生日，然后再在打开的界面中同意Game Center的条款和条件，继续在转到的界面中输入昵称，最后点击 _{完成} 按钮完成Game Center的注册。

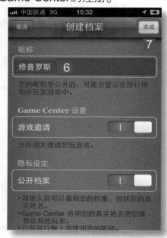

提示：这里是使用Apple ID账号进行注册。如果没有Apple ID账号，则可在第一步中点击"创建新账户"选项，然后在同意条件和条款后将会要求输入姓名、邮箱及密码等信息，此时输入的邮箱将作为新的Apple ID使用。

2. 添加朋友

注册成功后，通过添加朋友可以在互联网中邀请朋友加入多人游戏、与自动配对的其他玩家玩多人游戏、从朋友那发现新游戏。

添加朋友的方法是：点击屏幕右下角的"邀请"按钮，在打开的界面中选择"添加朋友"选项，然后在打开的界面中的"收件人"栏中输入想添加朋友的邮箱或昵称，并在其下方输入交友信息，最后点击 _{发送} 按钮，即可将交友信息发送出。朋友收到交友邀请的信息后，只需要查看信息并点击"接受"选项即可成功添加朋友。

6.4　更进一步——其他娱乐功能

　　熟悉了iPhone 4S的娱乐功能后，娜娜再也不会无聊了，她准备抓住一切空闲使用iPhone 4S打发时间。阿伟告诉娜娜，要想体验iPhone 4S丰富的娱乐功能，还可以了解以下几招。

第1招　添加歌词

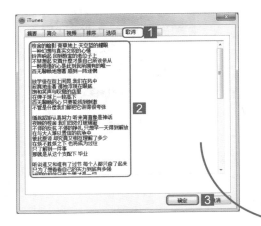

　　很多人喜欢使用iPhone 4S自带的"音乐"功能，但"音乐"功能不能自动下载并显示歌词，如果想要在播放界面中显示歌词，首先需要通过iTunes对歌曲添加歌词。

①打开iTunes，在资料库中右击需要添加歌词的歌曲，在弹出的快捷菜单中选择"显示简介"命令。

②在打开的对话框中选择"歌词"选项卡，并在该选项卡中输入歌词，最后单击 确定 按钮。

③将该歌曲同步到iPhone 4S中，打开音乐播放器的播放界面，点击播放界面中的专辑封面显示区，便能显示这首歌添加的歌词。

提示：歌词可以手动输入，也可以通过百度等搜索引擎得到，然后复制粘贴到对话框中。

第2招 歌曲识别

对于音乐爱好者来说，听到喜欢的歌曲却不知道歌曲名字是一件很痛苦的事。在不知道歌曲名字的情况下，很难正确地将其从浩瀚的曲库中找出来。针对这些情况，SoundHound、Shazam等歌曲识别软件可以帮上忙了。

以SoundHound为例，打开应用软件并将手机靠近音源，点击屏幕中间的按钮，软件便开始聆听，经过几秒钟等待后该软件便能准确地找到聆听的歌曲。

第3招 网络对战

前面介绍的游戏中有不少具有联机功能，可以通过联机与其他玩家共同玩游戏。但是单机游戏的玩家群体以及游戏性质，导致其连线对战功能并不完善。而网络游戏则可以通过网络与更多的玩家共同在线玩游戏，而不只是单纯地玩单机游戏。

iPhone 4S中的网络游戏有很多款，如"QQ游戏大厅"。使用QQ账号登录后，就可以与众多玩家一同玩斗地主、麻将等游戏，在网上体验与不同玩家之间的角逐。

第4招 通过无线导入视频文件

软件文档中的文件
点击Delete按钮可删除

一些视频播放软件，如AVPlayer和RushPlayer等拥有通过无线与电脑建立连接的功能，可以摆脱数据线的束缚，通过无线将视频导入到iPhone 4S中。其中RushPlayer使用无线导入视频的方法如下。

①启用iPhone 4S中的WiFi功能，并打开RushPlayer应用软件，点击"无线"选项，在打开的界面中点击WiFi和Ftp后面的 OFF ON 按钮，启用无线功能。

②在电脑中打开浏览器并访问启用无线功能后软件给出的地址，在打开的界面中点击 浏览... 按钮选择文件，再点击Upload按钮即可将选择的文件导入到应用软件的文档中。

6.5 活 学 活 用

（1）通过App Store搜索并下载"QQ音乐"，然后启动"QQ音乐"，点击在线音乐中的"电台"选项，收听其中的"欧美"电台。

（2）通过App Store搜索并下载休闲游戏Fruit Ninja（水果忍者）和回合制RPG游戏Chaos Rings Ⅱ（混沌之戒2），安装后进行游戏。

（3）启动RushPlayer，点击 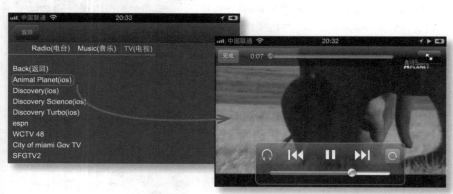 按钮，在打开的界面中点击"TV（电视）"选项卡，并在该选项卡中点击USA选项，最后在打开的频道界面中选择电视台，收看美国的电视节目。

☑ 想知道最近的天气如何吗？

☑ 还在为不知道去哪里旅游而烦恼吗？

☑ 还在为出行不便而烦恼吗？

☑ 想知道如何保存美丽的风景吗？

第 07 章
轻松户外游

  娜娜的公司计划近期外出旅游，当听见公司公布这个决定时，娜娜非常高兴。兴奋之后娜娜却有一些担心了，因为娜娜一直以来都是路痴，方向感较差，也很少出门旅游，导致她现在即便出远门也不知道去哪里。娜娜把这个困惑告诉了阿伟，阿伟告诉娜娜说："这个问题你完全可以不必担心，因为iPhone 4S不仅可以帮助你查询各地情况，还能帮助你查询外出路线。"

7.1 做好外出的准备

阿伟告诉娜娜，如果要外出，可以先通过iPhone 4S了解最近的天气情况，然后再了解目的地的具体情况，以做好外出的准备。

7.1.1 冷暖先知道

天气与人们的生活息息相关，也影响着人们的生活。同时天气也变幻无常，在没有准备的情况下有可能引起人们的不适，也影响人们的出行计划。

通过iPhone 4S自带的"天气"功能和其他的应用程序可对天气进行查询，下面将讲解使用iPhone 4S查询天气的方法。

1 查看天气

iPhone 4S自带的"天气"功能无须设置，当手机连接网络时，通过读取手机当前所在的位置，将自动获取当前城市的天气情况，并且能显示未来一周的天气情况，十分便利。

■ 通过面板查看天气

iPhone 4S的通知面板中包含了天气的情况，在使用iPhone 4S的过程中，无论处于什么界面中，只要使用手指从屏幕顶端滑动到下方，在打开的通知面板中将显示当前手机所处城市的天气信息。

当前的天气

在显示天气的信息上向左或向右滑动，可以显示未来一周的天气信息。

未来一周的天气

■ 查看具体天气信息

通过通知面板查看到的天气信息并不完整，只有一个简要的天气信息，如果想要知道具体的天气情况，则可以打开"天气"功能，在其界面中查看详细信息。

点击主屏幕上的"天气"图标，在打开的"天气信息"界面中将显示当前天气的简要信息。若需要查看具体的天气信息，直接点击该界面中的信息栏，即可展开当天的天气信息，并在其中显示未来几个小时的详细天气情况和温度情况。

：在"天气信息"界面的最下方显示了天气信息的更新时间，但是目前天气的预测信息并不能做到完全准确，所以该信息只能用于参考。

2. 添加并查看其他城市的天气

默认情况下，"天气"功能只会显示当前所处城市的天气，若想查看其他城市的天气，则需要手动进行添加。

动手一试

下面将在"天气"功能中添加更多的城市，查看不同城市的天气情况。

第1步：**打开设置界面**

点击主屏幕上的"天气"图标，打开"天气信息"界面，并点击该界面中的"设置"图标。

提示：在通知面板中点击天气，同样可以打开"天气信息"界面。

第2步：输入城市名称

将打开"天气"界面，点击➕按钮，并在打开的界面中输入需要添加的城市名称，如这里输入"北京"并进行搜索。

第3步：添加城市并查看天气

点击搜索结果中的城市名称添加该城市，继续使用相同的方法即可添加更多的城市，完成后点击 按钮，返回"天气信息"界面中，通过左右滑动操作，即可查看被添加城市的天气信息。

提示：除了添加中国的城市外，还能添加外国的城市。若在"天气"界面中点击下方的 °F 按钮，将会以华氏温度的标准显示天气的气温。

3. 天气应用软件

除了iPhone 4S自带的"天气"功能外，可以通过App Store下载更多的天气软件，这些天气软件不仅界面更漂亮，而且很多功能也比"天气"功能强大。

软件名称：**天气通**

资费标准：**免费**

软件特色："天气通"如其名称一样，是一个不折不扣的天气通软件，拥有语音播报、天气曲线和天气通知等功能，并且该软件还能调用Google地图，查阅周边所有城市的天气信息。其中的指数功能还能给出一些建议，如是否适宜洗车、是否适宜晾晒和是否需要带伞等，其功能非常人性化。

软件名称：**墨迹天气**

资费标准：**免费**

软件特色：与"天气通"一样，"墨迹天气"同样是一款优秀的天气软件，通过与气象台合作随时发布准确的天气信息，并且该软件还有灾害预警推送功能，当有灾害天气来临时，其预警信息将会及时推送到手机，使用户能在第一时间了解灾害天气的信息。

▌7.1.2　出行目的地

现在的城市发展都很快，用日新月异来形容一点也不夸张，导致即便是本地人也可能不清楚身边有哪些旅游或娱乐项目，此时通过iPhone 4S的帮忙，便可以轻松地知道各个城市的旅游、住宿等信息。

为了使iPhone 4S具备查询目的地的功能，必须在iPhone 4S中装入相应的应用软件，然后将iPhone 4S连接网络后便能轻松地查询相关信息。

1. 常用的应用软件

有很多应用软件都具备查找旅游景点、周边商铺和食宿信息等功能，下面将介绍几款用于查询这些信息的应用软件。

软件名称：大众点评
资费标准：免费
软件特色：身在户外，想找附近合适的餐馆？坐在餐馆，想知道有哪些推荐菜，是否可以打折？出门旅游，想找最具特色的美食？这些通过大众点评都能轻松地查找，除此之外，还能轻松查看身边的咖啡厅、茶馆、公园、酒店、娱乐等商家，并且通过调用地图，还能清楚地显示商家所在的具体位置。

软件名称：去哪儿旅行

资费标准：免费

软件特色：可搜索景点、城市，甚至是国家，并列出推荐的景点信息，还能通过定位功能，搜索身边的旅游景点并给出景点的详细信息；通过酒店功能可以轻松找到身边10公里内的酒店，并且每天下午6点之后将会开启"夜销"功能，可以查找附近有打折优惠的酒店，为您节约开支，方便旅游出行。

软件名称：途牛旅游

资费标准：免费

软件特色："途牛旅游"是一款提供旅游度假产品在线展示和预定服务的旅游软件，具有线路查询、线路搜索、线路收藏、行程介绍、客户点评、订单查询和会员管理等功能。其主要特色是可对周边旅游、国内旅游、出境旅游线路进行查询和预定，并且能全方位地展示线路详情，了解线路特色、行程介绍、资费说明和客户反馈等信息。

2. 查询周边的去处

与朋友聚会最常去的还是附近的各种娱乐场所，身边有什么好吃的、好玩的，都可通过iPhone 4S上面的应用软件进行查询。

下面将通过"大众点评"应用软件查找附件的美食商户，并查看商户的点评和位置信息。

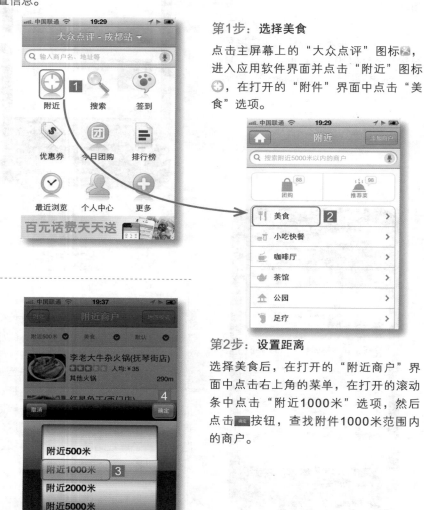

第1步：选择美食

点击主屏幕上的"大众点评"图标，进入应用软件界面并点击"附近"图标，在打开的"附件"界面中点击"美食"选项。

第2步：设置距离

选择美食后，在打开的"附近商户"界面中点击右上角的菜单，在打开的滚动条中点击"附近1000米"选项，然后点击按钮，查找附件1000米范围内的商户。

第3步：选择商家并查看信息

设置距离后，在给出的列表中点击满意的商家，即可打开该商家的信息界面，在该界面中列出了详细信息，并且向下拖动界面可以显示其他人给予该商家的评价。

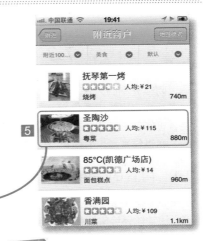

提示：在"商户信息"界面中，若点击地址或右上角的 按钮，可打开iPhone 4S自带的"地图"功能来定位商户的位置，点击"电话"选项则可拨打商户的电话询问其具体情况。

跟我练习

查看其他城市的天气和旅游情况

点击主屏幕上的"天气通"图标，在应用软件界面中点击右上角的 图标，添加城市，完成后查看该城市的天气情况，然后按Home键，在返回主屏幕上点击"去哪儿旅行"图标，在打开的软件界面中点击"景点"选项，并在打开的界面中输入城市名称进行搜索，查看城市的旅游景点信息。

7.2 出行助手

通过阿伟介绍的方法，娜娜很快就找到了想去的地方，但是娜娜又忍不住抱怨道："虽然找到了想去的地方，但是作为一个路痴我要怎么去呀。"阿伟听了娜娜的话后告诉娜娜："现在很多人出行都选择公交车、火车、飞机等，这些都可以通过iPhone 4S进行查询，方便用户出行。"

7.2.1 内置的Google地图

iPhone 4S自带的"地图"功能经常被用于查找位置、定位当前位置和观看卫星地图等，该功能还经常被各类应用程序调用，用于查看位置。

iPhone 4S内置的"地图"功能拥有地图和卫星两种视图，同时还能显示交通状况等信息。下面将介绍"地图"功能的使用方法。

1. 定位与查找

定位与查找是最常用也是最基本的功能，如果要定位当前位置，只需要点击左下角的"定位"图标 ◀ 即可。定位后若再点击一次该图标，该图标将会变为 ◥ ，同时地图的显示方向将会跟随手机机头所指示的方向而发生转动，方便用户辨别方向。

若要搜索地点只需在屏幕上方的文本框中输入城市、街道、景点和设施等名称后再搜索即可。并且在该文本框中不仅可以输入地名，还能输入邮编和经纬坐标。

2. 查看卫星地图

该地图功能不仅可以查看普通的地图，还能查看卫星地图。卫星地图是通过卫星拍摄的彩色照片，这种地图相对于普通地图来说可以更加清楚地了解地形、周边建筑和道路等情况。

使用卫星地图的方法是点击右下角的图标，然后点击 卫星 或 混合 按钮即可，其中点击 卫星 按钮将只显示卫星地图，点击 混合 按钮则会在卫星地图的基础上显示地图名称。

7.2.2 查询航班和火车

选择飞机或火车是现在人们出远门最常用的方式之一，为了时刻掌握飞机或火车时刻表及是否有票等情况，可以通过iPhone 4S上的一些应用软件进行查询。

"去哪儿旅行"、"途牛旅行"等软件除了能查找目的地外，还能查询飞机航班、火车时刻表及其对应的价格等信息。

1. 查询飞机票

搭乘飞机是目前出远门最快的出行方式，因此很多人都喜欢选择飞机作为首选的出行方式。通过iPhone 4S上的应用软件，可以不用特地到机场查看航班便能轻松了解需要查看的信息。

动手 一试

下面将通过"去哪儿旅行"应用软件，查看从北京到上海的具体航班情况。

第1步：选择机票
点击主屏幕上的"去哪儿旅行"图标，在进入的应用软件界面中点击"机票"图标。

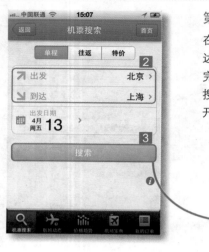

：若点击搜索结果右上角的"只看直达"按钮 ON，可以限制搜索条件为"直达航班"。

：点击机票后面的订图标，并在打开的界面中填写相关信息后可根据提示订购该机票。

第2步：搜索航班

在打开的界面中分别选择"出发"和"到达"选项，并在打开的界面中选择城市，完成后点击 搜索 按钮即可开始搜索这两个城市之间的航班信息，并在打开的界面中显示搜索结果。

第3步：查看详情

选择满意的航班后，在打开的界面中查看机票的出售信息，点击"展开查看机票详情"选项在信息栏中查看机票的详情。

2. 火车时刻表

火车的运行速度虽然比飞机慢一点，但是票价相对便宜很多，所以火车也是很多人选择的一种出行方式。

使用与查询飞机相同的方法，通过"去哪儿旅行"或"途牛旅行"应用软件都能方便地查看火车的信息。

其中通过"途牛旅行"应用软件查询火车票的方法是在其界面中选择"火车票查询"选项，然后在打开的界面中分别设置"出发"和"到达"城市，最后点击  按钮即可查看两个城市之间的时刻表信息，点击具体的车次便能在打开的界面中显示具体的运行详情。

▌7.2.3 公交和地铁

为了适应现代城市生活的快节奏，公交和地铁以其较低的价格、较快的运行效率在公共交通非常发达的现代城市中占据了一时之地，使得这种公共交通方式成了人们最常用的出行方式之一。

知识点拨

城市的公交车和地铁越来越多，导致乘车线路越来越复杂，而且公交车的行驶路线经常会因各方面的原因而有所变动，为了能随时了解这些公共交通的运行路线，通过应用软件来帮忙是一个不错的选择。

1. 公共交通的查询软件

要使用iPhone 4S查询具体的公共交通路线，首先需要安装相应的应用软件。下面将介绍几款常用的公共交通查询软件。

软件名称：全国公交路线查询系统

资费标准：￥25.00

软件特色：针对iPhone的特性精心对系统界面进行设计，可以联网进行在线数据的更新或下载其他全国四百多个城市的数据。同时在查询公交路线时还能调用Google地图，并在地图上显示公交路线每一个站点的具体位置，方便查看具体的路线。

软件名称：公交地铁查询

资费标准：￥12.00

软件特色：该软件可搜索全国30多个大城市的市内公交和地铁乘车方案，同时也可跨省市搜索火车、飞机等长途方案，并可灵活组合换乘，部分地区还支持公交实时到站查询。此外还提供了99%的站点地图定位功能，同时支持地图显示站点周边100~1500米内的主要建筑信息，找到符合要求的地方。通过综合的信息，得出最佳的乘车方案，随时随地让您轻松选择出行。

2. 查询公交路线

公交路线的查询与飞机及火车的查询方式类似，只需要在应用软件的相应界面中输入出发点和到达点的名称即可。

以"全国公交路线查询系统"为例，其查询公交路线的方法为点击"站站查询"图标█，在打开的界面中分别输入站点名称后再搜索即可，最后点击搜索结果即可查看详细信息。

提示："全国公交路线查询系统"、"公交地铁查询"及文中没有介绍的相关一些应用软件，很多都有免费版本提供。

跟我练习

使用应用软件查询路线

通过App Store下载"全国公交列车地铁航班酒店查询"应用软件，然后在其界面中选择"全国列车时刻查询"选项，在打开的界面中查询"广州"到"南京"的列车信息，然后返回软件主界面，选择"全国公交路线查询"选项，然后查询南京1路公交车的路线信息。

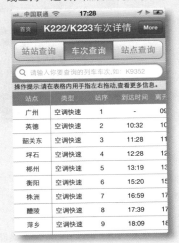

7.3 记录美丽瞬间

阿伟看见娜娜手机中有很多照片，但是拍摄出的照片效果较差，于是就对娜娜说："iPhone 4S虽拥有800万的高清摄像头，但是其拍照界面有所限制，因此需要一定的技巧才能拍摄出好看的图像，也可以通过一些辅助软件让照片更加美观。"

▌7.3.1 相机的使用技巧

iPhone 4S的拍摄界面很简单，无须设置，只要启动iPhone 4S的"相机"功能便能开始拍照，但是为了将照片拍摄得更加美观，可以通过一些小技巧来进行完善。

下面将介绍iPhone 4S相机的一些拍照技巧。

1. 启动相机

iPhone 4S启动"相机"功能的主要方法是直接点击主屏幕上的"相机"图标 。

如果手机处于锁屏状态，在通过点击图标的方式启动"相机"功能前，还必须先解锁手机后才能进行操作，这显然不利于拍摄转瞬即逝的美景。为了能在锁屏状态下快速启动"相机"功能，iPhone 4S增加了一项新功能，即在锁屏状态时快速按两次Home键，其解锁滑动条右侧将出现"相机"按钮 ，点击该按钮即可快速启动"相机"功能。

2. 拍摄的方法

iPhone 4S为了满足不同用户的拍摄习惯，提供了以下3种不同的拍摄方式。

▇ **点击拍摄按钮**：启动"相机"功能，在其界面中点击 按钮即可拍摄。

▇ **按音量增加键**：在拍摄界面中按音量增加键，同样可以完成拍摄。

▇ **使用耳机拍照**：使用iPhone 4S的原装耳机同样可以进行拍摄。启动"相机"功能，并将耳机插入iPhone 4S，然后按耳机上的增加音量键即可。

3. 调整对焦

iPhone 4S的"相机"功能支持自动对焦功能，但是其效果并不理想，所以很多时候还需要对对焦进行调整。

■ 手动对焦

启动"相机"功能后，iPhone 4S将自动对相机取景的中心点进行对焦，但是中心点对焦往往不能得到较为理想的效果，此时就可以手动来调整iPhone 4S的对焦点。

手动对焦的方法是直接点击相机的取景界面，通过点击不同的地方，iPhone 4S将会根据当前的环境重新对其进行对焦，当达到满意的效果时，再进行拍摄即可。

■ 自动对焦

iPhone 4S除了能手动对焦外，其自动对焦功能也比较强大。启动"相机"功能后，无须设置便能自动对画面中心进行对焦处理。

在自动对焦模式中，人脸对焦是一种特殊的自动对焦方式。人脸对焦是在拍摄人物照时非常有用的一个功能，iPhone 4S将自动判断被拍摄的对象是否有人脸，并自动对人脸进行对焦，便于人像的拍摄。

教你一招

曝光和对焦锁定

自动测光后，为了保证曝光量不再变化，可锁定曝光和对焦。在拍照界面中，只要长按取景界面的某一点，释放后拍照界面的底部显示出"AE/AF锁定"字样，则表示已经锁定。重启相机或点击取景界面中其他位置即可解除锁定。

4. 拍照选项

iPhone 4S拍摄界面的顶部有3个按钮，分别可以对相机进行一些设置，辅助手机进行拍摄。

▇ 闪光灯

点击左上角的 按钮，该按钮将会向右展开，出现3个选项，点击"关闭"选项表示关闭闪光灯，点击"打开"选项表示开启闪光灯，点击"自动"选项则会根据当前拍摄环境的光线强度自动判断是否开启闪光灯。

▇ 网格和HDR

点击 按钮，将会弹出一个菜单选项，分别用于开启"网格"和HDR。

"网格"主要用于在取景时对画面进行划分，通过这种三分构图可以避免对称式构图的单调死板，提升照片的表现力。

HDR即高动态光范围。开启该功能后，拍照时将会连拍3张不同曝光度的照片，然后再将3张照片合为一幅照片，提升暗部和亮部的细节表现。

开启网格后便于照片构图

▇ 使用前摄像头

点击右上角的 按钮将会启动iPhone 4S的前置摄像头，常用于自拍。

5. 摄影

点击拍摄界面下方的转换按钮，当其转换为 状态时，则表示当前的拍摄模式为摄影，此时拍摄按钮也将变为 形状。启动拍摄的操作方法与拍摄照片的方法相同，都有3种方式，拍摄完毕后依次再按拍摄键即可停止拍摄。

在拍摄模式下无法使用"网格"和HDR，但是可以手动开启或关闭闪光灯，同时在拍摄过程中触摸拍摄画面，同样可以对画面进行手动对焦处理。

7.3.2 拍摄辅助软件

通过前面的介绍发现，iPhone 4S的"相机"功能比较简单，可以设置的项目比较少，拍摄出的照片不能进行渲染、调色等处理。通过App Store下载并安装一些辅助的应用程序，不仅能及时渲染照片，还能对照片或视频等进行后期处理，使拍摄出的照片或视频更加美观。

iPhone 4S的800万高清摄像头无论是成像质量还是录像效果都非常不错，为了进一步加强拍摄照片或视频的表现力，可选择几款应用软件来作为辅助工具。

1. 辅助软件

相机的辅助软件众多，且其功能也各不相同，如有的可以辅助拍摄照片，有的可以辅助拍摄视频，还有的可以用于后期编辑照片或视频。下面将介绍几款功能实用的相机辅助软件。

软件名称：**VIDA**
资费标准：**免费**
软件特色：**VIDA**拥有实时特效镜头，能实现特效视频和照片拍摄，即时记录和分享旅途精彩。其主要是通过极速渲染引擎，保证拍摄的速度，以保证能抓住每一个精彩瞬间。实时特效视频拍摄和高精度特效照片拍摄拥有各种趣味十足的特效镜头，使拍摄的照片和视频效果更加与众不同。该软件还支持新浪微博、腾讯微博、人人、豆瓣和开心网同步分享，可通过邮件或短信进行一键分享。

软件名称：美图秀秀
资费标准：免费
软件特色："美图秀秀"延续了PC版简单易用的优点，能轻松地对照片进行磨皮美白、肤色调整、图片色彩调节、虚化背景、自由添加文字等功能，其独特的图片处理特效和多款边框素材打造更加绚丽多彩的照片。另外还能通过拼图模式将多张图片拼接后与大家分享。

软件名称：iMovie
资费标准：￥30.00
软件特色：iMovie的iOS版是苹果为移动设备特别推出的高清视频编辑器。使用iMovie可以随时随地制作完美的HD影片。该软件不仅可以设置视频、照片、音乐和声音效果，还能添加主题、字幕和过渡效果，并且通过"预告片"功能还能轻松为视频制作一个预告片，使视频更加完善。视频编辑完成后其强大的发布功能使你甚至不用挪动身体，就可以将其发布到网上与他人分享。

2. 处理照片

使用应用软件处理照片不仅操作简单，而且方便快捷，只需要轻轻一点便能制作出各具风格的各种美图。

下面将通过"美图秀秀"对iPhone 4S中的照片进行美化处理。

第1步：打开照片

点击主屏幕上的"美图秀秀"图标，启动后点击应用软件界面中的 美化图片 按钮，然后在打开的"照片"界面中选择需要的照片，并点击屏幕下方的"调色"图标。

第2步：调色

打开"调色"界面，分别拖动"色彩饱和度"、"亮度"和"对比度"滑动条，使色彩饱和度和对比度更高，提升照片色彩的表现力。完成调色后点击右上角的"完成"按钮。

第3步：添加特效和边框

点击屏幕下方的"特效"图标，在打开的"特效"界面中点击LOMO选项卡，并选择其中的"经典LOMO"选项，然后点击"完成"按钮。继续使用相同的方法，点击"边框"图标，并对照片设置边框。

提示：除了调整色调、添加特效和边框外，该软件还有裁剪照片，对照片中的人物进行美容、添加文字和虚化背景等功能，其操作方法都类似。

第4步：保存图像

照片编辑完成后，点击右上角的按钮，在打开的"保存与分享"界面中再点击按钮，完成照片的编辑并保存到iPhone 4S的相册中。

提示：点击"保存与分享"界面中的"分享到QQ空间"、"分享到新浪微博"等选项，然后根据提示进行操作即可将制作完成的照片分享到这些社区中。

教你一招

查看照片和视频

通过"相机"功能拍摄的照片和视频以及通过应用软件处理后的照片和视频都被保存在iPhone 4S的"照片"功能的"相机胶卷"文件夹中。

点击主屏幕上的"照片"图标 ，然后在打开的"相簿"界面中点击"相机胶卷"即可在打开的界面中查看所有的照片和拍摄的视频文件。如果是查看视频文件，在打开后，还需要点击视频文件中间的"播放"按钮 才能播放。

跟我练习

拍摄古城照片

通过App Store下载并安装VIDA应用软件，完成后点击主屏幕上的VIDA图标 ，打开拍照界面，在其特效界面中点击"老电影"图标 ，然后在户外拍摄一幢建筑物，使拍摄的建筑物呈现古城的效果。

7.4　更进一步——其他外出旅游小妙招

通过阿伟的介绍，现在娜娜再也不怕出远门了，而且能够在iPhone 4S的帮助下规划行程，为自己节约时间，另外还能熟练地使用iPhone 4S的"相机"功能，使拍摄的照片和视频更加美观。此时阿伟继续告诉娜娜，关于使用iPhone 4S进行户外游的知识，还有以下几点需要掌握。

第1招　辨别方向——指南针

虽然iPhone 4S拥有地图功能，但是如果身处荒漠或海上，地图功能将失效，此时就需要自己辨别方向来为出游提供指导。

iPhone 4S提供的"指南针"功能可以快速指明方向，其使用方法是点击主屏幕上的"指南针"图标，启用后指南针将自动辨别方向。

第2招　查看拍摄地点

通过iPhone 4S的"相机"功能拍摄的照片，都会自动被iPhone 4S添加GPS信息。被添加GPS信息后，还可以通过"相册"中的"地点"功能查看拍摄地点。其方法是点击主屏幕上的"照片"图标，然后点击屏幕下方的"地点"图标即可。在"地点"界面中，每一个红色的大头针表示在大头针标识的位置有拍摄过照片，点击大头针还能查看该地点拍摄过的照片。

第3招 变焦

在户外拍摄照片时，经常会拍摄远景，为了避免远景的画面过小，可以通过变焦来放大远处的景色，从而拍摄出理想大小的照片。

变焦的操作比较简单，只需在拍摄界面中使用放大的手势即可，此时拍摄界面的底部将会出现一个滑动条，滑动滑动条即可调整变焦的距离。该功能只能在拍照模式下使用，摄影模式不能使用该功能。

第4招 裁剪照片和视频

使用"美图秀秀"和iMovie等应用软件，在打开的相应界面中可轻松地裁剪照片或视频。如果只是进行简单的修改，可不必进入应用软件，直接在相册中进行修改即可。

修剪照片的方法为：在相册中打开照片，然后点击右上角的 编辑 按钮，然后再点击右下角的"裁剪"按钮 ，此时在照片中将出现网格和边框，拖动边框到合适的位置，最后再点击右上角的 裁剪 按钮即可完成裁剪。

修剪视频的方法为：在相册中打开视频，然后点击并拖动视频的进度条，设置视频的长度，拖动到合适的位置后，再点击右上角的 裁剪 按钮，最后在弹出的菜单中点击相应按钮即可。

7.5 活 学 活 用

（1）在App Store中搜索并下载"墨迹天气"应用软件，在该软件中查看"悉尼"的天气情况，然后再通过"地图"功能中的混合模式，搜索并查看悉尼市的地图。

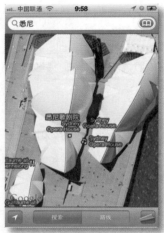

（2）通过App Store下载并安装VIDA和"美图秀秀"应用软件，然后使用VIDA的特效镜头拍摄照片，再使用"美图秀秀"对照片进行修改。

☑ 还在为交通拥堵、出行不便而发愁吗？

☑ 想知道使用iPhone 4S进行购物缴费的方法吗？

☑ 你爱运动吗？你会使用iPhone 4S对运动进行管理吗？

第 08 章
料理生活有一套

  自从娜娜拥有了iPhone 4S后，自己的办公和学习能力都得到了很大的提升。今天，娜娜又拿着自己的iPhone 4S找到了阿伟，想让阿伟再教教自己一些新东西。阿伟知道后决定教娜娜如何用iPhone 4S料理自己的生活。娜娜听了后，感觉很奇怪，便问阿伟："一部手机还能料理我的生活吗？"阿伟笑了笑回答道："虽然是一部手机，但它仍然能将你的生活管理得井井有条"。

8.1　城市生活不迷路

　　听了阿伟的回答，娜娜首先想到的就是如何解决自己路痴的问题。加上汽车的飞速发展，交通越来越拥堵，驾车出行也越来越不方便。如何才能将手机变为一部导航仪，解决自己的烦恼，为出行选择捷径，成了娜娜首先考虑的问题。

▌8.1.1　用什么导航地图

　　iPhone 4S自带了一款地图软件——**Google**地图，但是该软件并不能满足广大用户的需要。目前，市场上有许多导航软件，不仅具备出行线路规划功能，还具备语音导航功能，大大方便了用户出行。那到底该用什么导航地图呢？

　　手机导航软件的种类很多，虽说每个软件的导航功能都基本相同，但是各个软件都具有自己的特色，下面将对最常用的几个软件进行简单介绍。

地图名称：**导航犬**
资费标准：**免费**
软件特色：**导航犬是一款在线式GPS手机导航服务系统**。使用该软件前需要注册一个账户，并且在使用过程中用户需通过手机输入目的地，系统将为您选择一条最优的路线。在行车途中系统会及时给出相应的语音和图标提示。不仅如此，导航犬还能够将实时的交通事件以拍照的形式上报到网上，供更多的用户获得最及时的交通路况。

提示：导航犬还可以下载其他地区的方言语音包，能为驾驶者带来更大的乐趣。

地图名称：高德

资费标准：免费

软件特色：高德导航软件为十多个汽车品牌提供了车载导航服务，而在众多的手机导航软件中也具有自己的特色，除了能进行常规的地图搜索、语音导航和周边查询外，还能进行公交地铁、全国列车以及天气预报等查询服务。该软件还带有语音搜索的功能，启动该功能后，用户只需要说出需要到达的目的地，系统就能自动规划出路线，带领用户到达目的地。

提示：该软件的语音搜索功能只能通过普通话与其交流，不能识别方言。

地图名称：凯立德

资费标准：¥108

软件特色：凯立德导航软件可谓是导航软件中的大哥，不管是在车载导航还是手机导航方面，都得到了广大用户的青睐。虽然这是一款收费软件，但是其定位非常精准，还具有行车安全提醒和地铁大全的功能。在最新版本的软件中还增加了强大的声控导航系统，购买后一定会觉得物有所值。

地图名称：**道道通**
资费标准：**免费**
软件特色：**道道通导航软件在业界的口
碑也是相当不错的。广受用户青睐的原
因除了软件免费外，还包
括了软件自带的3D与2D
地图切换功能，以及道
路岔口实景地图导航功
能。除此之外，该软件
的电子眼功能也非常精
准，能为出行减少许多
不必要的麻烦。**

教你一招

使用离线地图进行导航

在使用导航软件时，建议用户将离线地图也安装在手机中，便于导航时快
速加载地图。不同导航软件离线地图的下载和安装方法都基本相同，一些
导航软件可以下载某个区域的地图供用户使用，但是凯立德导航与道道通
导航软件必须下载全国地图才能进行正常导航，其离线地图包非常大，如
道道通豪华版的地图有4.4GB，所以用户需要准备好充足的容量空间。

8.1.2　路线规划

随着城市道路的飞速发展与更新，到底哪条路线才是最近最快速的呢？这是让
许多人感到头痛的事，不过没关系，使用导航软件就可以为你解决这一烦恼。

下面以在导航犬导航软件中规划当前所在位置到需要到达的目的地路线为例，
讲解使用导航软件进行路线规划的方法。

第1步：启动导航软件

在iPhone 4S中找到导航犬软件的启动图标，点击该图标，启动导航犬软件。然后点击主界面中的"菜单"按钮，进入导航犬的菜单选项。

提示：由于手机内部的GPS模块定位效果没有专业的GPS定位精准，在导航犬主界面的当前位置点会有一个范围圈，该范围越大，定位精度越差；范围越小，定位越精准。

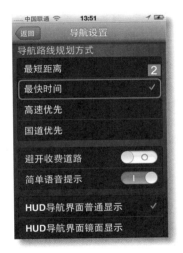

第2步：选择线路规划方式

在菜单中点击"导航设置"命令，然后在打开的"导航设置"界面中点击"最快时间"选项。

提示：在"导航设置"界面中可以设置HUD导航界面的显示方式。HUD就是平视显示器，用户在HUD导航界面中不需要低头就能看到需要导航提示，降低查看导航地图的频率，避免注意力分散，保障安全驾驶。目前，许多导航软件都具有该功能

新手解惑

Q：导航软件中设置路线规划的方式有多种，它们有什么区别吗？

A：在导航犬软件中进行路线规划的方式主要有以下4种。

最短距离：系统自动规划最短的路线，不过不会考虑道路情况，通常会带领用户在小巷中穿插。

最快时间：根据道路的限速情况来规划一条最快时间内到达的路线。

高速优先：在起点与终点之间以高速公路为主规划出来的路线，不过该方式的过路费较高。

国道优先：以国道为主规划的路线，虽然费用较小，但车流量较大。

第3步：选择线路规划方式

设置完成后，返回主界面，在界面上方的搜索框中输入需要到达的目的地"天府广场"。输入完成后，点击下方的 搜索 按钮，系统自动搜索出与之相符的地点名称，在搜索结果中选择需要到达的地点即可。

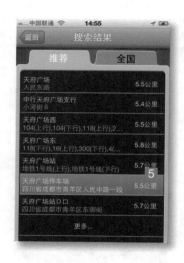

提示 ：如果搜索的结果与实际目的地不符，用户可以点击"更多"超链接进行查找，或在"全国"选项卡中进行全国范围内的查找。当搜索结果非常多时，建议用户重新输入目的地的详细地址。

第4步：确定起始位置

选择搜索结果后，在打开的界面中点击 设为终点 按钮，进入"线路规划"界面，保存起点位置为"我的当前"不变，点击 开始导航 按钮。

提示 ：在设置搜索结果为终点时，还可以点击 实景图片 按钮，查看目的地的实景图片，不过该功能并不是收集了全国各地的实景照片，用户也可以为没有实景照片的地方上传图片，供更多的用户查看，同时还能获得积分奖励。

第5步：线路预览

打开"路线概要"界面，其中显示了系统规划的常规路线与参考路线，这里保持常规路线不变，点击 线路预览 按钮。打开"线路预览"界面，通过放大和缩小地图就能查看本次导航规划的路线详情。

：导航犬规划的路线在默认情况下选择的是常规路线，而参考路况通常会比常规路线的距离更近，该线路的规划还参考了实时的路况信息，规划出的线路更人性化。

模拟导航

通过模拟导航可以查看规划路线的详细信息，感受语音提示，从而体会对导航的设置是否符合要求。如果不符合，可以返回菜单重新设置。

8.1.3 语音导航

在进行线路规划后，就可以使用导航软件的语音导航功能进行实时导航。由于导航软件对实际的交通情况并不了解，所以语音导航只能作为参考，驾驶过程中请按实际交通规则行驶。

下面以在导航犬导航软件中规划出的线路进行语音导航为例，讲解在导航软件中进行语音导航的方法。

第1步：准备导航

进行线路预览后，点击"线路预览"界面中的 确 定 按钮，返回"路线概要"界面后单击 开始导航 按钮，系统会自动获取GPS信息，获取成功后，将进入导航系统。

提示 ：手机中的GPS模块获取卫星信号的能力较差，尤其是在室内，因此最好在户外获取卫星信号。

第2步：开始导航

系统会根据用户所在的位置进行语音引导，用户只需要根据语音提示驾驶即可。

提示 ：导航犬软件会在具有摄像头的地方进行语音提示，当提示后，用户一定要遵守交通规则。导航过程中，用户还可以点击屏幕浏览地图。

新手解惑

Q：方言语音包怎么下载呢？

A：许多用户在使用导航软件时，都喜欢使用本地方言语音包进行导航。在导航犬软件中，可以在菜单中点击"数据下载"命令，然后再点击"离线语音下载"选项，在打开的界面中选择需要的语音包即可。

第3步：进入HUD模式

点击导航界面中的 ⬛ 按钮，系统会自动进入HUD模式。

提示：在HUD模式中，系统仍然会进行语音提示。在该模式界面中，还显示了当前的行驶速度与本次导航的全程距离。要退出该模式，可以点击屏幕，然后点击"返回"按钮 ⬛ 。

▌8.1.4 实时交通

随着城市的发展，道路不断更新，各大中小型城市都在进行道路维修与扩建。加上车辆日益增多，导致出行压力倍增。而解决的唯一方法就是快速了解实时的交通情况，选择最佳路线出行。

实时交通可以通过导航软件来获取，用户也可以上传交通实况帮助其他用户了解当前交通实况。

1. 获取实时交通

要想获取实时交通情况，需要先登录导航犬，并加入互动路况共享计划，下面将对获取实时交通进行详细讲解。

下面在导航犬导航软件中进行互动路况共享，并通过查询获取实时交通情况。

第1步：加入互动路况共享计划

在导航犬的主界面中点击"图层"按钮 ⬛ ，系统会自动打开"加入互动路况共享计划"提示对话框，点击 ⬛ 按钮即可加入互动路况共享计划。

第2步：选择实况信息

在导航犬的主界面中再次点击"图层"
按钮 ⊜，在打开的菜单中点击"实时路
况+交通事件"按钮。

提示：在打开的实况信息中显示了很
多选项，一般情况下，建议用户选择"实
时路况+交通事件"或"互动路况+交通
事件"。

第3步：查询实时交通

返回导航犬主界面，其中显示了当前的
实时交通情况，点击地图中突出显示的
实时交通，可查看该地的详细实时交通
情况。

提示：查询实时交通时，在地图中还
会以不同颜色来区分不同路段的当前交
通压力，颜色越深，表示该路段交通压
力越大。

教你一招

根据犬友判断路况

导航犬软件不仅可以进行导航，还
可以在该软件中寻找犬友当前的路
况。寻找犬友只需要在选择实况信
息时，点击"互动路况"选项，然
后在主界面中的犬友详细信息中显
示了犬友当前的行驶速度，由此来
判断犬友所在路段的交通实况。

2. 上传实时交通

使用导航犬软件时，用户还可以将当前的实时交通信息以图片的形式上传到网络中，供更多的犬友查询。

下面使用导航犬拍摄实时交通并上报交通事件，与犬友分享。

第1步： 拍摄实时交通

在导航犬的主界面中点击"交通事件"按钮 ，系统会自动启动照相机，用户需要将当前的交通实况进行拍照。拍摄完毕后，点击主界面中的 按钮。

提示： 如果对拍摄的效果不满意，可以点击 按钮，重新拍摄。

第2步： 选择交通事件分类

完成拍照后，在"上报事件"界面中点击 按钮，然后选择上报的交通事件所属的分类，选择后点击 按钮。

第3步：上报交通事件

使用相同的方法，设置该交通事件的详细分类、发生方位、所在位置以及造成拥堵的情况，设置完成后，点击界面中的 ▉▉ 按钮，即可上报交通事件。

提示：在对交通事件所在位置进行描述时，系统会自动将其设置为当前所在的大概位置。为了使输入的信息更为精确，用户可以对其进行编辑。

跟我练习

使用道道通进行3D导航

先启动道道通导航软件，并在菜单中设置"导航地图提示"为"路口自动放大"与"方向罗盘提示"。然后通过菜单命令设置导航的终点，设置完成后，在主界面中点击 ▉ 按钮，切换至3D导航界面，待线路规划成功后，开始导航。如果用户所在城市还未开发3D地图，可以在主界面中点击 ▉ 按钮，设置导航地图的方向为"俯视地图"。

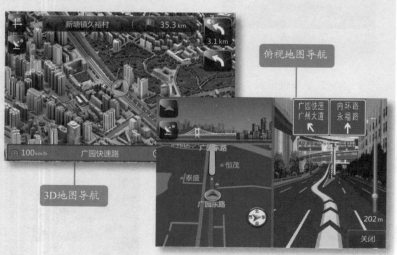

俯视地图导航

3D地图导航

8.2 购物缴费不出门

娜娜平时非常喜欢在网上购物，但是购买了iPhone 4S后，娜娜一直没有找到能在手机中购物的通道。阿伟告诉娜娜，在iPhone 4S中购物的方法有很多。除了购物外，还可以在手机中代缴常用的费用，免去许多麻烦。

8.2.1 在线购物很方便

iPhone 4S能给生活带来很多方便，而在线购物仅仅只是其强大的功能之一。对于许多用户来说，手机在线购物并不新鲜，但强大的iPhone 4S却能给你不同的体验。

传统的手机购物只能通过一些手机客户端进行，但在iPhone 4S中还能够通过其他的方法进行网上购物。下面将对iPhone 4SD在网上购物的方法进行讲解。

方法1： 使用手机中的 Safari浏览器进入网上购物网站，如淘宝网、京东商城或银泰网等，然后在打开的网页中进行购买即可。

方法2： 在手机中安装购物网站发布的手机客户端软件，进入软件后对需要购买的物品进行搜索，执行相应的操作完成购买。

新手解惑

Q：常用的购物网站有哪些呢？

A：随着网络的飞速发展，网上购物越来越流行，可供用户选择的购物网站也越开越多，并且各个购物网站之间的竞争也非常激烈。在进行网上购物时，可以在不同的购物网站中进行筛选，选择性价比与折扣更高的网站进行购买。下面列举几个最常用的购物网站。

网址：http://www.360buy.com

网址：http://www.yihaodian.com

网址：http://www.dangdang.com

网址：http://www.taobao.com

动手 一试
+ ++

下面以在淘宝手机客户端中购买春装服饰为例，讲解使用iPhone 4S在线购物的方法。

第1步：搜索宝贝

在iPhone 4S中找到淘宝客户端软件的启动图标，点击该图标，启动淘宝客户端软件。进入软件后，点击主界面中的"搜索"按钮，在打开的搜索页面中选择"热门搜索"选项卡，然后点击"春装新品"选项。

提示：如果在搜索界面中没用需要购买的选项，还可以直接在"搜索"文本框中输入关键字进行搜索。

第2步：查看宝贝效果

在打开的界面中查看并点击需要的选项，打开需要购买的"宝贝详情"界面，在该界面中点击界面上方的图片，进入图片预览模式，查看服饰效果。

第3步：联系卖家

查看完毕后，点击界面中的 返回 按钮，返回"宝贝详情"界面，在界面下方点击 联系卖家 按钮，软件会自动打开聊天窗口，在该窗口中可以咨询卖家相应的问题。

提示：联系卖家时需要使用淘宝账号进行登录。

提示 : 用户登录淘宝网后，会自动获取用户信息中的地址作为收货地址，如果收货地址有变，可以在"确认订单"界面的"收货地址"栏中重新设置。

第4步：**查看宝贝效果**

联系完卖家后，返回"宝贝详情"界面点击 [立即购买] 按钮，然后在"购买宝贝"界面中设置颜色、尺码以及购买数量等信息，完成后点击 [下一步] 按钮。在打开的"确认订单"界面中确认收货地址、购买数量、运送方式和实付金额等信息后单击 [确认订单] 按钮，系统会自动打开支付宝界面，在该界面中使用支付宝或银行卡付款即可完成购买。

8.2.2 团购更实惠

团购作为一种新兴的消费方式，越来越受到人们的青睐。当你拥有一个强大的iPhone 4S后，团购也将变得更加简单，可以随时随地浏览最新的团购信息，抢购最实惠的商品。

使用iPhone 4S进行团购的方法与网购的方法相同，下面将以在拉手团购手机客户端中团购商品为例，讲解使用iPhone 4S进行团购的方法。

第1步：进入客户端软件

在iPhone 4S中启动拉手团购客户端软件，然后点击主界面中的 北京 按钮，打开"选择城市"界面，选择当前所在城市对应的选项。

提示：在"团购详情"界面中可以左右滑动屏幕来查看其他团购商品。

第2步：查看团购商品详情

返回主界面后，点击 价格 按钮，通过价格高低来查看团购信息。查看完毕后选择需要的商品，打开"团购详情"界面。在该界面中点击 查看商品详情 按钮，查看商品的详细内容。

第3步：查看商品详情

在打开的"商品详情"界面中通过上下滚动屏幕来查看本商品的详情、商家温馨提示以及商品的实际图片信息，然后点击该界面中的 购买 按钮。

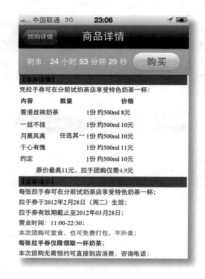

提示：部分商家在发布团购商品时，还提供了店铺的图片信息，能够帮助用户快速找到商家店铺的实际位置。

第4步：设置购买详情

在打开的界面中输入用户名与密码信息，点击 按钮，登录拉手网。然后在打开的"购买"界面中输入购买数量和获取团购码的手机号码，并点击该界面中的 按钮。

第5步：付款购买

确认购买后，在打开的"订单支付"界
面中确认购买的商品信息与数量后，
再选择需要支付的方式，最后点击
![确认支付]按钮。系统会自动转到
支付宝界面，登录支付宝并支付商品金
额完成团购。

对比更实惠的团购商品？

虽然团购网站繁多，各个网站中的团购商品也非常丰富，但是同类商品在
不同的团购网站中的价格也各不相同。那么，怎么才能团购到最实惠的商
品呢？很多用户都会觉得应该分别进入各个团购网站，选择最实惠的团购
商品。虽然该方法能达到预期目的，但是操作起来较为繁琐。目前，网络
中有许多团购导航网站能够根据关键字搜索各大团购网站中的同类商品并
进行比较，从中选择最实惠的商品，如百度团购、N多团等网站。

网址：http://www.nduotuan.com

网址：http://www.tuan800.com

网址：http://tuan.baidu.com

网址：http://tuan.360.cn

8.2.3 手机缴费

是否还在为日常生活中的缴费排队而感到烦恼呢？其实，使用您手中的iPhone 4S就可以轻松地解决缴费排队的麻烦。不过，使用手机并不能代缴生活中的所有费用，只能代缴一些常用的费用，如手机费、水费、电费以及燃气费等。

使用手机缴费必须借助一些软件才能进行，在iPhone 4S中，需要下载并安装相应的缴费软件才能进行正常缴费。

1. 认识手机缴费软件

常用于手机缴费的软件主要有支付宝和银联手机支付软件，下面将对这两款软件进行介绍。

软件名称：支付宝
资费标准：免费
软件特色：支付宝是国内领先的独立第三方支付平台。在手机支付宝软件中主要可以进行手机充值、水费、电费、燃气费以及固话宽带等缴费。由于该软件中的一些缴费项目是在淘宝网中的商家手中购买，在对这些项目进行缴费时通常会有一些优惠，如进行手机充值时，充值金额大于50元都有一定的优惠。不过充值金额小于50元时，所付费用通常会比充值金额大。

提示：在支付宝软件中能进行水、电、燃气以及固话宽带缴费的城市并不多，在使用该软件进行缴费时需要核实所在城市是否在缴费城市列表中。

软件名称：**银联手机支付**

资费标准：**免费**

软件特色：**银联手机支付**也是一种安全、便捷的新型支付平台软件。在该软件中同样可以进行手机充值、水费、电费以及燃气费等费用的代缴。由于该软件是使用用户的银行账号进行缴费，在使用过程中一定要注意账号的安全。

提示：与支付宝软件相同，在该软件中进行水、电以及燃气等缴费，并不能对全国的大中小型城市用户进行缴费。相比之下，该软件中罗列的可缴费城市比支付宝软件中的稍多。

2. 使用手机代缴费用

使用手机代缴费用，只要是在手机网络信号的覆盖区域内，都能随时、随地、随心地进行操作，从而解决到营业厅排队的烦恼。

下面将以使用支付宝软件进行手机充值为例，讲解使用手机代缴费用的方法。

第1步：启动客户端软件

在iPhone 4S中启动支付宝客户端软件。点击主界面中的"手机充值"按钮，在打开的"手机充值"界面中输入需要充值的手机号码。

提示：在"手机充值"界面中还可以点击"通讯录"按钮，从通讯录中选择充值的手机号码。

第2步：选择充值金额

输入充值号码后，点击 <u>下一步</u> 按钮，在打开的界面中选择需要充值的金额，然后点击 <u>立即充值</u> 按钮。

提示：在充值金额后面括号中显示了售价，不过该金额会与后面的实际付款金额有差异。

第3步：登录支付宝

在打开的登录界面中输入支付宝的账号和密码，然后点击 <u>登录</u> 按钮。

提示：如果用户的支付宝账户与淘宝账户已经关联，也可以使用淘宝账户登录。另外，为了支付宝账户的安全，建议不要使用记住密码的功能进行登录，以免手机丢失，造成额外的经济损失。

第4步：确认支付

返回"手机充值"界面，再次点击 <u>立即充值</u> 按钮，然后在打开的"收银台"界面中输入支付密码，并点击 <u>确认付款</u> 按钮，即可完成手机充值。

跟我练习

使用大众点评网客户端软件团购商品并使用支付宝付款

先启动大众点评网客户端软件，打开团购界面后查看并选择合适的团购商品。在客户端软件中查看商品的详细信息，最后通过支付宝购买该商品。

8.3 健身健康不迷茫

娜娜整天都待在家里玩手机，但是也逐渐感觉到了运动对自己的重要性。阿伟听了后，告诉娜娜可以带着自己的iPhone 4S一起运动，它能有效地对运动进行管理。娜娜听了后，很惊讶地问道："iPhone 4S还有这些功能？"

8.3.1 健康管理

健康成就人生，生命是最宝贵的财富，更是成就事业的基本前提。加上社会在不断进步，人们对健康的理解和要求也越来越高了。那么如何才能对健康进行管理呢？

健康对于人们来说包含了很多方面，如疾病管理、饮食管理和体检管理等。而在iPhone 4S中要进行这些方面的健康管理非常容易。下面将对该方面的健康管理进行讲解。

软件名称：**好大夫在线**

健康管理方面：**疾病管理**

资费标准：**免费**

软件特色：疾病管理是健康管理的一个主要策略，对自身的健康进行管理非常重要。在好大夫在线软件中可以通过疾病分类对擅长该疾病的医生进行筛选，然后通过软件中的信息记录查询医生的出诊时间。同时在该软件中还可以了解该疾病的专业介绍与相关的疾病，在就诊前更加了解自己的病情。

提示：在软件中注册后，还可以通过在线服务向医生进行咨询。

新手解惑

Q：在专业的健康管理中，疾病管理有什么特点呢？

A：疾病管理是通过改善医生和患者之间的关系，建立详细的医疗保健计划，主要有以下特点。

特点1：目标人群是患者特定疾病的个体。

特点2：不以单个病例或单次就诊事件为中心，而关注个体或群体连续性的健康状况与生活质量。

软件名称：**美食杰**

健康管理方面：**饮食管理**

资费标准：**免费**

软件特色：**俗话说"病从口入"，这句话简明地概括了饮食的重要性。美食杰软件提供的菜谱大全供用户查询中华菜系和外国菜谱，包括家常菜、私家菜、凉菜、热菜以及汤粥等。除此之外，在该软件的"营养健康"选项中还可以查看一些健康饮食方法，如食疗食补、饮食小常识、饮食禁忌以及营养物质等。**

提示：在软件中查询食谱最常用的方法是通过搜索的方式进行。

软件名称：**口袋体检**

健康管理方面：**体检管理**

资费标准：**免费**

软件特色：**体检是体格检查的简称，具体是指通过医学手段和方法对受检者的身体进行检查。在iPhone 4S中通过该软件并不能实现真正的体检，只能实现简单的体检项目，如心率测试、言语测听以及视力测试等。**

提示：不管什么软件都不能进行实时的体检，只能进行简单的体检操作。

下面将在口袋体检软件中进行心率测试与言语测试，对自己进行简单的体检操作。

第1步：准备测试

在iPhone 4S中启动口袋体检软件。打开软件后，点击主界面中的"心率"图标，在打开的"心率说明"界面中查看测试原理与方法，然后点击 继续 按钮。打开"心率教学"界面，然后将左手食指腹完全遮住摄像头与闪光灯。

第2步：查看测试报告

系统会自动开始测试，测试完成后，系统会自动打开"心率测试报告"界面，在该界面中显示了用户的心率测试结果。

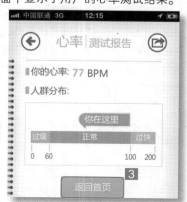

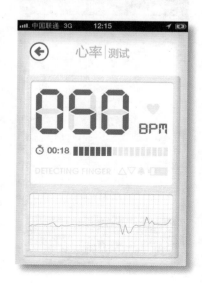

第3步：**准备进行言语测试**

在"心率测试报告"界面中点击 [返回首页] 按钮，返回主界面中点击"言语测听"图标 ，在打开的"言语测听说明"界面中查看测试原理与方法，点击 [继续] 按钮，然后进行试音，打开测试界面。

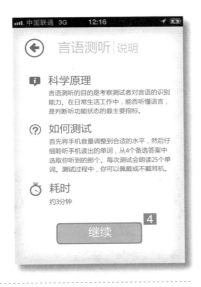

第4步：**完成测试**

打开"言语测听测试"界面且系统自动发出声音，用户在听取声音后，在界面下面的4个选项中选择正确的选项。然后使用相同的方法进行所有的测试，测试完成后在"言语测听测试报告"界面中查看测试结果即可。

▌8.3.2　运动管理

生命在于运动，运动也是较好的一种保持身体健康的方式。在iPhone 4S中同样可以通过软件进行运动管理，让运动无处不在。

运动管理类的软件操作方法很简单，与健康管理类的软件按操作方法基本相同。下面将对常用的运动管理软件进行讲解。

软件名称：计步器
资费标准：免费
软件特色：该计步器能够显示运动过程中的步伐、运动时间、距离以及速度等信息。运动过程中，如果开启了GPS功能，在运动结束后可以通过软件的地图功能来查看本次运动的轨迹路线。同时，在运动过程中还可以使用运动传感器来检测人体运动的反映情况。

提示：计步器在地图中显示的运动轨迹将会使用iPhone 4S自带的地图软件。

新手解惑

Q：iPhone 4S中自带的Nike+iPod软件到底有什么作用？

A：Nike+iPod是苹果与Nike合作的增值服务。使用时需要将Nike配件放入Nike鞋中，通过无线的方式连接设备，然后在软件中就可以显示出运动日期、时间、距离、热量消耗值和总运动次数等数据。跑步结束后，可以将iPhone 4S连接到电脑中，运动数据便会自动同步到Nike Plus进行统计和显示。

软件名称：跑步控

资费标准：免费

软件特色：该软件中内置了免费的 CoolRunning官方的Couch-to-5K®训练计划，可帮助用户实现减肥瘦身的健身目的。该软件中的训练计划中设计了5公里、10公里和马拉松计划，计划中还设定了每一个计划的进度安排，更加贴心地为用户着想。

提示：运行该软件时，会自动启动手机的音乐播放器，可以在运动的同时听听音乐放松身心。

跟我练习

使用计步器软件管理运动

启动计步器软件，点击主界面中的GPS选项，进入GPS界面中，开启GPS功能后，并对相应的选项进行设置。完成后返回主界面中点击 **开始** 按钮，开始计时。然后进行跑步运动，运动结束后，点击界面中的"地图"选项，在打开的界面中显示了本次跑步的运动轨迹以及其他信息。

8.4 更进一步——料理生活常用的其他软件

通过学习，娜娜对iPhone 4S的功能又有了一个全新的认识。阿伟看见娜娜正在感叹它强大的功能，便告诉娜娜，要想使用iPhone 4S将生活管理得井井有条，还可以自行安装一些软件，下面就简单介绍几款常用的软件。

第1招 使用手电筒

软件名称：**手电筒**
资费标准：**免费**
软件特色：使用手电筒软件，会自动打开手机背面的闪光灯来实现照明。除此之外，该软件的启动速度非常快，还具有闪频模式、脉冲模式以及紧急信标等功能，其中脉冲模式采用的是摩斯码，紧急信标能通过闪烁摩斯码发出SOS信号。

第2招 进行二维码扫描

软件名称：二维码扫描
资费标准：**免费**
软件特色：该软件为扫码识别软件，能够对二维码进行快速识别，对信息进行快速存储、查询以及搜索等操作。在该软件界面中点击 开始扫描 按钮，即可打开扫描界面。

第3招 进行条码比较

软件名称：条码比价

资费标准：免费

软件特色：该软件拥有国内各大型超市网上商城商品信息500余万种。通过商品条码扫描不仅能快速查询商品信息，还能识别假冒伪劣产品，是一款生活购物的好帮手。另外，该软件还能通过手动输入条码的方法进行操作。在软件的主界面中点击 按钮，即可打开扫描界面。

第4招 使用三维地图

软件名称：E都市

资费标准：免费

软件特色：该软件与导航软件不同，E都市提供的地图界面为三维地图，但是不能进行实时导航。虽然如此，但是在该软件中还是能查询公交线路和用户感兴趣的地点，如果用户登录了该软件还能使用我的挖宝、最新签到等功能，让自己的城市生活更丰富。

8.5 活 学 活 用

（1）启动高德导航软件，在软件设置选项中，设置软件的显示交通状况功能，然后进行一次实时语音导航。

（2）使用条码比价软件，通过扫描条码，查询商品的详细信息与口碑，并购买该商品。

（3）使用跑步控软件中的5千米计划，并根据该软件的进度安排对运动进行管理。

☑ 想知道今天世界各地都发生了哪些事吗？

☑ 还在为今天吃什么、玩什么、穿什么而发愁吗？

☑ 想知道这个季节最流行什么服装款饰吗？

☑ 此时此刻的你想看海吗？

第 09 章
我的iPhone助手

　　娜娜总是没有时间观念，并且老忘记一些重要的事情，因此在工作中没少挨领导的批评。娜娜也不甘心总是这样，但是因为记性差，而且没有人提醒，总是记不住。阿伟得知娜娜的这个情况后，便对娜娜说道："并不是人人都记忆超群，有时候忘记一些事情也是人之常情，但我们可以通过iPhone 4S的一些管理功能，轻松地管理事情，还能对工作带来不小的帮助。"

9.1 我的移动秘书

娜娜听说iPhone 4S不仅可用于娱乐，还能帮助管理日程，不禁喜出望外，于是便立即要求阿伟进行讲解。阿伟告诉娜娜："通过iPhone 4S管理日程，主要是通过日历、备忘录等来实现的，接下来我就给你讲讲吧。"

▌9.1.1 时间很重要

时间管理对于现代人来说越来越重要，无论做什么事情都需要对时间有一个精准的把握。但是不依靠时钟的帮助，人们便会失去对时间的掌控，所以拥有一个功能实用的时钟非常有必要。

iPhone 4S自带的时钟工具不仅可以显示时间，还拥有闹钟、秒表、计时器等功能，非常有利于时间管理，下面将分别进行介绍。

1. 世界时钟

时间的重要性对于现代人来说不言而喻，为了能随时掌握世界各国的时间，使用iPhone 4S的世界时钟是一个不错的选择。

添加世界时钟的方法是：点击主屏幕上的"时钟"图标，在打开界面中点击屏幕下方的"世界时钟"图标，然后再点击右上角的"添加"按钮，并在打开的界面中输入想要添加的国家或城市名称，最后在出现的列表中选择即可。

提示：使用相同的方法，可以添加多个城市或国家的时钟，并可在同一个界面中进行显示。

2. 闹钟

闹钟对于上班族和学生来说非常重要，每天为了能准时起床，大部分人都不得不依赖闹钟。

使用iPhone 4S的"时钟"功能，添加多个工作日的闹钟。

第1步：设置"重复"选项

点击主屏幕上的"时钟"图标，在打开的界面中点击"闹钟"图标，然后点击右上角的"添加"按钮，打开闹钟的设置界面，并点击"重复"选项，最后在打开的"重复"界面中依次点击"每周一"到"每周五"选项。

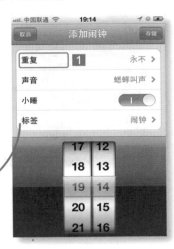

提示：如果不选择"重复"选项，则添加的闹钟是单次的，只能提醒一次。

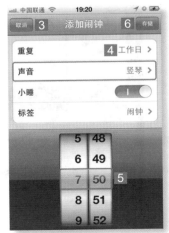

第2步：设置声音和时间

完成后，点击按钮，并在返回的界面中点击"声音"选项，将声音设置为"竖琴"，然后滑动界面下方的数字滚轮，将左边的数字设定为"7"，将右边的数字设定为"50"，最后点击按钮。

提示："小睡"功能是指当闹钟响起的时候，将会出现"小睡"按钮，此时点击该按钮，闹钟会自动停止响铃并开始计时，并在十分钟后重新响铃。

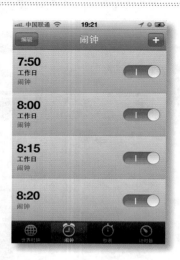

第3步：添加更多的闹钟

点击■按钮后，该闹钟即被成功添加。使用相同的方法继续添加其他闹钟，并设置不同的时间和铃声即可。

提示：每一个闹钟后面都有一个切换按钮，当该按钮为 状态时表示该闹钟为工作状态；若要关闭闹钟，只需要点击该按钮，将其切换到 状态即可。

3. 秒表和计时器

除了"世界时钟"和"闹钟"功能外，"时钟"功能还包括"秒表"和"计时器"功能，这两项功能都用于计时，不同的是，"秒表"用于正计时，而"计时器"则用于倒计时。

教你一招

定时关闭音乐播放器

很多人都有晚上听音乐睡觉的习惯。让音乐陪伴着进入梦乡是一件十分惬意的事情，但如果音乐播放器不能自动关闭，音乐一直会播放到第二天，这样对手机和人体都有一定的影响。通过"时钟"功能中的"计时器"功能，可以为音乐播放器设置一个倒计时，让音乐在播放一段时间后自动停止。其方法是：点击"时钟"功能中的"计时器"图标 ，在打开的界面中设置时间并点击"计时结束后，启用"选项，然后在打开的界面中点击最下方的"iPod睡眠模式"选项，最后点击 按钮即可。

9.1.2 要事不能忘

一个人无论是工作、生活还是学习，总会有很多重要的事情需做。当事情太多或者太忙时，就很可能遗忘一部分事情，从而给工作、生活和学习带来不必要的麻烦。

在iPhone 4S中，用于管理事情的工具有很多，常用的有"日历"、"提醒事项"、"备忘录"和"语音备忘录"等。

1. 日历

iPhone 4S自带的"日历"功能谈不上多强大，但却很实用，通过简单的设置便可以添加各种事件，用于提醒个人的行程。

在日历中添加事件的方法为：点击主屏幕上的"日历"图标，在打开的"所有日历"界面中点击右上角的"添加"按钮，并在打开的界面中分别输入标题、位置和时间等内容，完成后再点击 完成 按钮，即可成功添加事件。

提示：主屏幕上的"日历"图标会跟随日期的变化而变化，可以使用户快速查看星期和日期。

2. 提醒事项

提醒事项是iPhone 4S中专用于提醒日程安排的功能，通过该功能可以清晰地知道多个未完成的任务。另外，该功能可以启用位置提醒，即可以在用户到达某指定地点或离某指定地点时发出提醒，十分方便。

提示：位置提醒功能所使用的地址是联系人的地址，因此需要先在"通讯录"中对某一个联系人添加地址，然后再在位置提醒中添加该联系人，才能添加地址。

3. 备忘录

在iPhone 4S中，提供了两种备忘录，分别是"备忘录"和"语音备忘录"。其中，"备忘录"用于文字记录，"语音备忘录"用于声音记录。

使用"备忘录"的方法很简单，点击主屏幕上的"备忘录"图标，在打开的界面中点击右上角的"添加"按钮，然后输入内容即可。

使用"语音备忘录"的方法同样很简单，只需要点击主屏幕上的"语音备忘录"图标，然后在打开的界面中点击"录音"按钮即可开始录音，录音完成后再点击"停止"按钮即可保存录音。停止录音后，"停止"按钮将变为"语音备忘录"按钮，点击该按钮可以查看并播放语音文件。点击任意一个语音文件后面的图标，在打开的界面中可以对该段语音添加标签或进行修剪等操作。

新手解惑

Q：使用"语音备忘录"时是否可以使用手机的其他功能？

A：iPhone 4S自带的"语音备忘录"功能支持后台录制，即开始录制语音后，按Home键返回主屏幕，其录音功能依然会工作，并持续录制声音，因此用户在录音时也可以使用手机的其他功能。

4. 功能更强的应用软件

iPhone 4S自带的日历、提醒事项、备忘录等功能基本能满足用户的日常需求，但却不能胜任一些有特殊要求的任务，如提醒农历时间、在备忘录中添加照片等。下面就介绍几款功能更强大的应用软件，以满足特殊任务的需求。

软件名称：中华万年历

资费标准：免费

软件特色："中华万年历"的功能十分完善，而且根据中国人的使用习惯，提供公历、农历、黄历、天气、记事、生日和节日等诸多实用功能。其中，节日支持生日、纪念日、工作和生活4种类型，每种类型支持公历、农历两种重复方式，而且对于黄历和节气的支持，也非常符合中国人的使用习惯。

软件名称：乐顺备忘录

资费标准：￥25.00

软件特色："乐顺备忘录"包括笔记应用程序和待办事项管理器，允许将附注与待办事项灵活结合。该应用软件不仅可以快速创建备忘录，还能为附注添加照片、涂鸦和地理位置等信息，可以方便、快捷地记录观点、想法和备忘录。在只读模式下时，可点击Web连接、电子邮件地址和电话号码等，还可以设置密码保护，在保证方便的同时也保证了安全性。

软件名称：语音提醒

资费标准：¥18.00

软件特色："语音提醒"软件犹如一个小秘书，为您节省大量不必要的输入时间，让生活和工作更加简单、高效。其使用方法很简单，只需打开语音提醒，说出您的待办事件，然后设置提醒时间与日期即可。如果发出提醒时用户正在忙碌，则可设置一个推迟时间，不会错过任何重要日程，另外，其无限时、高质量的录音功能更可以作为一个录音笔使用。支持后台录音，可以让录音和其他手机应用两不误。

跟我练习

添加公历和农历的生日提醒

点击主屏幕上的"中华万年历"图标，打开"中华万年历"软件，然后点击屏幕下方的"节日"图标，在打开的"节日"界面中点击右上角的添加按钮，然后在打开的界面中输入名称后点击日记，选择其出生的日期，最后设置类别为"生日"并保存即可。

| 中国联通 14:32 |
| 中华万年历 节日 添加 |
| 全部 生日 纪念日 工作 生活 |

何许(19周岁) 还有 **0** 天
到期日:2012年4月16日

何许(19周岁) 还有 **0** 天
到期日:2012年4月16日

7(24周岁) 还有 **12** 天
到期日:2012年四月初八

利多(18周岁) 还有 **122** 天
到期日:2012年8月16日

王跃(22周岁) 还有 **194** 天
到期日:2012年九月十三

9.2 我的理财帮手

娜娜使用了iPhone 4S的时间管理功能和备忘功能后，工作越来越顺利。这天，娜娜又问阿伟："iPhone 4S的时间管理及备忘功能的确很实用，iPhone 4S还能帮助进行理财吗？"阿伟回答说："可以。通过iPhone 4S不仅可以了解股市，还能记账，并能随时进行单位和汇率的换算，接下来我就给你讲讲吧。"

9.2.1 了解股市行情

很多人都在炒股，但由于不能随时随地查看股市行情，手中的情报总是要比别人慢半拍，从而在瞬息万变的股市中处于不利的地位。而iPhone 4S自带的"股市"功能就可以很好地解决这个问题。

下面将讲解iPhone 4S自带的"股市"功能的查看和操作方法。

1. 查看股市详情

"股市"功能虽然不是很强大，但是其简单的界面十分便于快速查看股市行情，并且能清晰地看到股票走势图。

■ 查看股市行情

点击主屏幕上的"股市"图标，在打开的界面中即可查看股市的行情。在该界面中，简单明了地列出了股市的名称及其对应的价格和趋势。点击股票名称，即可在窗口下方显示出该股票的相关交易信息。

提示：点击股票后面对应的图标，该图标中显示的内容可以在涨幅、价格和市值之间进行切换。

■ 查看走势图

滑动界面下方的交易详情，即可打开相应的走势图界面，在该走势图中可以看见股票近期的走势情况。通过选择相应的时间，可以查看最近两年内的走势情况。

查看股票时，横置手机，即可查看
股票走势的详细情况。

3个月的走势

1天的走势

教你一招

快速查看股市的详细信息

技巧1：由屏幕的顶端向下拖动，打开通知
中心，在其中可快速查看股票的涨
跌、市值等信息。

技巧2：若需要查看更详细的股市信息，可
点击"股票"功能左下角的 按
钮，启动Safari浏览器，并在浏览
器中显示由Yahoo提供的股票详细
信息。

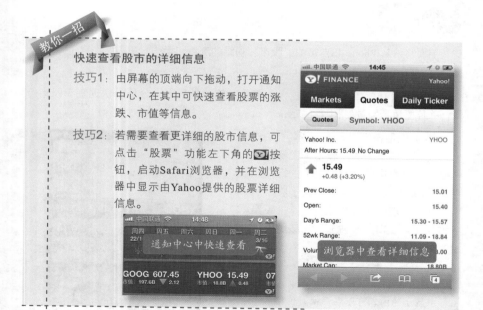

通知中心中快速查看

浏览器中查看详细信息

2. 添加股票

通常情况下，"股票"功能的股票列表中并不会包含用户所关注的股票，因此
需要将其添加进去。

下面将以添加股票ID为000001的上证指数为例，讲解股票的添加方法。

第1步：打开股市界面

点击主屏幕上的"股市"图标，在打
开的界面中点击右下角的按钮，打开
"股市"界面，并在该界面中点击左上
角的"添加"按钮。

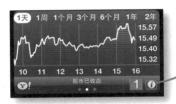

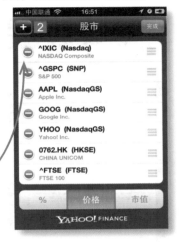

提示：添加股票时可以输入公司名称
或股票ID。其中，股票ID可通过相关的资
讯进行查询。

3. 股市应用软件

通过"股票"功能虽然可以快速查看股票，但是其提供的信息量有限，且界面也不利于日常使用，因此可使用额外的应用软件来进行相应操作。

软件名称：掌股专家

资费标准：免费

软件特色："掌股专家"手机版具备实时看盘、交易等功能，并且一改传统手机炒股软件呆板的界面风格，全新的交互式设计使用户在使用时更加便利。该软件还增加了股票智能搜索、自选股云同步、主力资金实时监测、个股诊断和在线交易等特色功能。另外，当偶然的社会重大事件可能影响到股市走向时，其信息会实时推送到主屏幕中。

软件名称：股市动态分析

资费标准：￥25.00

软件特色："股市动态分析"是一款类似于"报刊杂志"功能的应用程序，其中包含的杂志详细地对股市进行了分析，使股市的门外汉也能轻松地了解股市走向、证券投资行业的最新资讯以及正确的投资理念等。

9.2.2 记账理财

人们因为工作、生活以及交际，总会有各种各样的支出。在没有良好管理的情况下，用户经常会发现钱超支了不少，却不知道是用在了什么地方，导致账目不分明，这时可以通过记账本解决这些问题。

iPhone 4S虽然自带有记录备忘的功能，但通过备忘记账不能直观地看到支出以及收入的情况，也不能对信息进行相应的统计，因此使用起来并不方便。用户可通过安装专门的记账应用软件来记账。

1. 记账的应用软件

用于记账的应用软件有很多，但是其主要功能基本相同。这类应用程序的功能较多，输入较智能，只需通过简单的操作便能快速记录账目。下面就列举其中的两款。

软件名称：挖财
资费标准：免费
软件特色："挖财"的功能十分完善，可以针对日常生活的各项财务做出明细的记录和分析，并且在记账的条目中还可以加入照片，使自己的消费物品或地点能一目了然。通过记账模板，可快速地记录常用的项目；通过独特的统计图表，可清晰显示花钱去处、按月预算等，使消费不再小心翼翼。另外，所有的记录数据还能进行云备份，不用担心数据会丢失。

软件名称：随手记
资费标准：￥25.00
软件特色："随手记"支持账单拍照、
图文报表和消费预算等功能，能实现完
完全全的全能记账。其图文报表可以随
用户选择自定义范围的显示数据。并
且还能通过定位服务查找附近的商家，
在记账时方便快速输入商家名称。记账
完成后，还能通过邮件将记录的账目以
Excel文件的形式导出，以方便用户定期
对数据进行整理，十分人性化。

2. 记录账目

记账不仅要记录账目的支出，还需要记录账目的收入，这样才能对账目的流入
流出进行管理。

下面将以"挖财"软件为例，讲解如何使用记账软件记录收入和支出。

第1步：启动应用软件

通过App Store下载"挖财"软件，安装
完成后点击主屏幕上的"挖财"图标，
在打开的界面中点击"新增收入"选项。

提示：该软件无需登录即可使用。如
果需要备份数据，只需点击右上角的
按钮，然后在转到的界面中输入相关的账
户信息即可。

第2步：添加收入信息

在打开的界面中输入收入的金额，点击 按钮，然后在打开的界面中分别点击时间、备注等选项，并分别设置其信息，完成后点击右上角的 按钮。

提示：在"备注"选项中可以输入相关信息，便于后期能明确收支情况。在手机联入网络后，在"备注"界面中可使用语音输入文字。

第3步：添加支出信息

收入情况添加完成后，在返回的主界面中点击"新增支出"选项，然后在打开的界面中输入支出的相关信息，点击"商家/地点"命令，在打开的界面中选择"附近"选项卡，在列出的附近商家列表中选择消费的商家，最后在返回的编辑界面中点击 按钮。

使用随手记记录一笔详细的支出情况

通过App Store下载并安装"随手记"软件后，点击"随手记"图标■，在打开的界面中点击 记一笔 按钮，然后在转到的界面中点击●按钮，选择"摄像头"选项，拍摄购买的商品，并输入相关的消费项目、金额信息后进行保存。

9.3 我的工作助手

现在，娜娜越来越喜欢使用iPhone 4S帮助自己进行工作和生活管理了。这天，阿伟又对娜娜说道："使用iPhone 4S还能帮助你开展工作，如帮助你发送邮件、查看及编辑办公文档等。"

9.3.1 实用的邮箱功能

邮箱一直以来都是非常重要的一种交流手段，无论是在生活中还是在工作中，都会经常使用到它。iPhone 4S中为了满足人们收发邮件的需求，提供了非常实用的"邮箱"功能。

为了能及时查看邮箱中的邮件，可将用户常用的邮箱添加到"邮箱"功能中，下面就介绍iPhone 4S中添加及使用邮箱的方法。

1. 添加邮箱

为了能在"邮箱"功能中正常使用邮箱，首先要将其添加到"邮箱"功能中。

下面将以添加QQ邮箱为例，讲解如何将邮箱账户添加到iPhone 4S的"邮箱"功能中。

第1步：选择邮箱类型

在"设置"界面中点击"邮件、通讯录、日历"选项，在打开的界面中点击"添加账户"选项，最后在打开的"添加账户"界面中点击"QQ邮箱"选项。

第2步：输入账户信息

在打开的界面中输入邮箱账户的相关信息，输入完成后，点击右上角的 下一步 按钮，此时将开始验证账户信息。

第3步：完成添加

账户验证通过后，在打开的IMAP界面中
点击■按钮，即可完成邮箱的添加。添
加的邮箱将显示在"邮件、通讯录、日
历"界面中。

2. 收取邮件

将邮箱添加完成后，即可进行邮件
的收取操作。收取邮件的方法很简单，
当添加邮箱后，默认情况下邮箱收到邮
件后，会自动将信息推送到主屏幕上，
此时点击■■■按钮，即可自动启动"邮
箱"功能，并打开该邮件。

3. 发送邮件

使用"邮箱"功能进行邮件的发送也非常简单。进入邮箱后，点击相应的按钮
打开"新邮件"界面，在其中编辑需要发送的内容即可。

下面将在"邮箱"功能中选择添加的QQ邮箱，并通过QQ邮箱账户发送邮件。

第1步：选择邮箱账户

在主屏幕的停靠栏中点击Mail图标，然后在打开的"邮箱"功能界面中点击"收件箱"栏中的QQ选项，打开QQ邮箱的收件箱，并点击右下角的"新邮件"图标。

提示：如果添加有多个邮箱，则直接在"邮箱"界面中点击"新邮件"图标，iPhone 4S会自动以默认的邮箱进行邮件的发送。

第2步：编写邮件

打开"新邮件"界面，在该界面中分别输入收件人、主题和内容信息，最后点击按钮即可将编辑完成后的邮件进行发送。

提示：在"收件人"栏中可以同时添加多个收件人，将一封邮件同时发送给多人。

发送照片文件

使用"邮箱"功能不仅可以发送文字，还能发送照片文件。点击主屏幕上的"照片"图标，在打开的界面中选择照片文件夹，并在照片列表中点击右上角的 按钮，然后点击需要发送的照片，选择完成后点击右下角的 按钮，再点击"用电子邮件发送"按钮，即可启动"邮箱"功能并将所选择的照片添加到"新邮件"中，最后输入收件人和主题即可发送。

9.3.2 随身查看并编辑办公文档

现代办公中，经常会使用**Office**的相关软件来协助办公。这些办公软件通常只能使用电脑来查看和编辑，但是电脑的体积太大，不方便携带，当在外或身边没有电脑却又需要查看或编辑办公文档时，通过iPhone 4S便能很好地解决这个问题。

知识点拨

iPhone 4S本身并不支持办公文件的查看和编辑等操作，要使用iPhone 4S查看和编辑Office的办公文档，必须通过一些应用软件来进行协助。

1. Office办公软件

适用于Office的办公软件有很多款，下面介绍其中两款。

软件名称：**Office** 助手

资费标准：￥6.00

软件特色："Office 助手"能充分发挥其助手的功能，使用iTunes的导入功能或WiFi，可以轻松地将文件导入到该软件的文档中。使用该软件不仅可以查看Office的相关组件，而且能查看视频和图片文件。另外还支持压缩文件功能，使用户可以直接解压或压缩文件。当文件太多不方便管理时，还能新建多个文件夹，就像在电脑中进行管理一样。若担心文件存在安全问题，还能对其进行加密处理。另外，也完全支持便签、提醒、会议录音机等常用功能。

软件名称：**Office² Plus**

资费标准：￥25.00

软件特色：Office² Plus与"Office 助手"相比，不支持压缩文件，且查看与管理文档的功能也较弱，但是该应用软件可以查看、新建及编辑文档、工作簿、演示文稿和文本文件等，可随时满足办公的需要，并且该软件还能将编辑完成的文件以邮件的方式进行发送。

2. 新建并编辑文档

通过应用软件，可以使iPhone 4S具备查看和编辑办公文档的功能，以满足移动办公的需求。

下面将以**Office² Plus**编辑一个名为"工资表"的工作簿为例，讲解使用iPhone 4S编辑文档的操作。

第1步：新建工作簿

点击主屏幕上的**Office² Plus**图标，然后点击右上角的■按钮，再点击■工作簿■按钮，最后在打开的对话框中输入工作簿的名称"工资表"，并点击■确定■按钮完成工作簿的新建。

第2步：输入文本和数据

新建工作簿后即可打开其编辑界面，选择一个单元格，在编辑栏中输入相关的文字或数据，然后重复此操作，直到所有的数据输入完成。

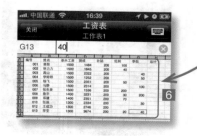

第3步：输入公式

文本和数据输入完成后，点击"总计"栏中的H2单元格，并在该单元格的编辑栏中输入求和函数"=SUM(C2:E2)-SUM(F2:G2)"，得出其应得工资，然后使用相同的方法在其他单元格中输入类似的函数，得出所有的应得工资，完成工作簿的编辑。

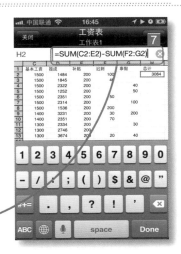

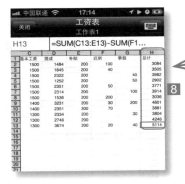

提示：iPhone 4S中函数的使用方法与电脑中的Excel类似，其中函数"=SUM(C2:E2)-SUM(F2:G2)"表示用C2:E2单元格区域的和减去F2:G2单元格区域的和。

跟我练习

编辑一个图文混排的文档

在Office² Plus应用软件中新建一个Word文档，并在新建的文档中输入文本。文本输入完成后，点击屏幕上方的■按钮，在打开的界面中选择图片，将图片插入到文档中并拖动图片，使图片与文本混排，达到图文并茂的效果。最后保存该文档，完成文档的编辑处理。

9.4 更进一步——其他实用功能的使用方法

通过阿伟的讲解并结合iPhone 4S的使用，娜娜将自己的工作和生活安排得井井有条，再也不像以前那样丢三落四了。此时，阿伟告诉娜娜，要想熟练地使用iPhone 4S辅助自己的工作和生活，还有以下一些软件及技巧需要掌握。

第1招 名片扫描器

名片在人们工作和生活中的应用越来越广泛，但将名片上的信息添加到手机中却很麻烦。使用名片扫描器，可自动识别名片中的信息并将其分类保存到手机中。

以"名片万能王"为例，添加一张名片信息的操作如下：启动该应用软件，选择"拍摄名片"选项，然后拍摄名片，即可对名片上的信息进行自动识别并分类，最后保存即可。

第2招 单位转换器

在信息高度发达的今天，人们每天都能接收到很多数据，这些数据可能拥有不同的单位，如货币的汇率、重量和体积等。如何才能在各个单位之间进行转换，使用户快速查看不同单位的数据呢？

通过App Store可以下载货币汇率或单位的转换器。例如，"万能转换"软件可将各种常见的数据在不同单位间转换，其货币汇率转换支持世界上大部分国家的货币单位，且其汇率不需要设定，只需连接网络即可更新至最新的汇率标准。

第3招 计算器功能

为了方便在日常生活中进行数据计算，iPhone 4S提供了"计算器"功能。该功能虽然并不强大，但却简单实用，在计算简单数据时非常有用。

点击主屏幕上的"计算器"图标，在打开的界面中直接点击相应的按键，输入数据后便能很快地得出计算结果。

在使用计算器的过程中，若横置手机，便会切换到科学计算器的状态，此时可计算普通计算器无法计算的其他数据。

第4招 U盘功能

iPhone 4S自身的存储空间是不能用于存储文件的，要想让iPhone 4S具备U盘的功能，还需要通过软件进行帮忙。

以USB Sharp为例，安装该软件后，使用iTunes可以将电脑中的资料导入到该软件的文档中，或者通过WiFi，使用浏览器将文件导入到该软件的文档中。该软件还具备管理这些文件的功能，如果觉得不安全，还能新建加密的文件夹用于存放这些文件。该软件除了能存储文件外，还能查看Office文档，且可以将文件进行压缩或解压，十分方便。

9.5 活学活用

（1）使用iTunes将电脑中的文档、PPT等文件导入到"Office 助手"的文档中，然后再使用"Office 助手"查看导入的文件。

（2）点击主屏幕上的"股票"图标，然后在该功能中添加股票ID为600000的"浦发银行"，并查看该股票的信息，然后按Home键，在返回的主屏幕中点击"掌股专家"图标，在打开的界面中点击 按钮，然后在打开的界面中输入"600000"，返回主界面，再点击添加的"浦发银行"右侧的 图标，并在打开的界面中点击"K线"选项卡，查看该股的K线图。

第 10 章
那些纠结的事

经过阿伟的指导，娜娜已经可以熟练地使用iPhone 4S了，并且还经常帮其他使用iPhone 4S的朋友解决一些问题。但是在使用了一段时间后，娜娜发现了iPhone 4S的一些小问题，这让她很纠结，于是继续请教阿伟："最近我发现iPhone 4S的电池不耐用，偶尔会出现一些小问题，并且我也担心手机不小心遗失，每次在外使用的时候都小心翼翼的。"阿伟听了娜娜的叙述后，告诉娜娜："无论什么手机都会有一点小问题，像你纠结的这些问题，其实很多都可以轻松解决的。"

10.1 电池不耐用

娜娜首先请教阿伟的就是电池问题，因为娜娜最近发现iPhone 4S的电池甚至不能用到下班便关机了。于是阿伟便对娜娜说道："现代手机硬件的发展速度很快，但是电池的发展速度跟不上硬件的发展速度，所以现在的手机普遍待机时间不长，这时可以通过一些其他方法来弥补。"

10.1.1 降低电池用量

因为iPhone 4S的电池不能随意更换，所以在平时使用的过程中可以改变自己的使用习惯，以节约用量。

只要留心并遵循一些常识性指南，就可以延长iPhone 4S的电池使用时间和寿命。下面将介绍一些降低电池用量的方法技巧。

■ 关闭定位服务：一些应用软件会要求启用定位服务，如地图等，但是一直启用定位服务会缩短电池的使用时间，所以在不需要时可以将其关闭。其方法为：点击主屏幕上的"设置"图标，然后选择"定位服务"选项，在打开的界面中关闭定位服务。

■ 关闭推送通知：部分应用程序使用推送通知的服务，这些广泛依靠推送通知的应用程序同样可能会影响电池的使用时间。要关闭推送通知，可以在"设置"界面中选择"通知"选项，关闭不需要的推送通知。当关闭推送通知后，并不会影响应用程序在开启时接收新数据。

■ 关闭不用的网络和功能：在不使用手机时，可以关闭WiFi、蓝牙和3G等网络服务，还可以关闭Siri、自动检测时区等功能。

■ 关闭不用的程序：音乐播放器、即时聊天工具等在按Home键返回主屏后，依然会在后台继续工作，不需使用时可以关闭在后台仍会继续工作的功能或应用程序。

■ 降低屏幕亮度：iPhone 4S的屏幕是整个手机部件中耗电量最高的，所以适当降低屏幕的亮度对节约电量有非常明显的效果。其方法为：在"设置"界面中点击"亮度"选项，在打开的界面中向左滑动滑块，调低亮度，并开启"自动亮度调节"功能。另外可以养成随时锁定手机的习惯，即在暂时不使用手机时按下电源键，将手机锁定。

■ 减少游戏时间：依赖于iPhone 4S强大的硬件支持，再加上目前游戏技术的不断发展，使目前iPhone 4S上的游戏无论是画面、音效，还是整体流畅度都越来越好，但是这些游戏对于电池的消耗是非常大的，尤其是画面越精美的游戏，耗电量越高。

■ 使用飞行模式：当手机处于信号较差或无信号的环境中时，iPhone 4S会消耗更多的电力来搜索或发射信号，因此在信号不佳或无信号覆盖的区域会消耗更多电力，此时就可以将iPhone 4S设置为"飞行模式"。另外在休息及睡觉的时候，也可以开启"飞行模式"，这不仅可以防打扰，还能减少手机的辐射量。

显示电池百分比

通过电池的百分比可以很直观地看见电池的剩余情况，其方法为：在"设置"界面中点击"通用/用量"命令，然后在打开的界面中点击"电池百分比"选项后面的转换按钮，使其变为 状态，此时在手机状态栏中即可显示当前电池的电量。

10.1.2 正确保养电池

除了在使用iPhone 4S的过程中关闭不必要的功能和服务以延长电池的使用时间外，还可以通过保养电池来达到延长使用时间的目的。

知识点拨

电池的电力是保证iPhone 4S能正常使用的关键之一，合理地对电池进行充电及保养等，可以延长其使用时间。下面就讲解iPhone 4S中关于电池保养的一些事项。

■ 正确充电：因为iPhone 4S使用的是锂离子电池，不存在记忆效应，因此不要坚持只在电量耗尽的情况下才充电，通常这样做的结果反而会加速电池的损耗。随意充电对锂离子电池没有任何坏处，而经常把电放光才是对电池的损害。

■ 环境和温度：每件电器对环境和温度都有一定的要求，过热或过冷的环境对电池都有不小的影响，对于iPhone 4S的电池也不例外。当环境温度为0°C~35°C时是iPhone 4S比较理想的运行环境，当环境温度为 − 20°C~45°C时是iPhone 4S比较理想的存放温度。而在日常使用中22°C的环境温度是最理想的状态。

■ 减少游戏时间：减少游戏时间不仅是为了降低电量的使用，也是因为电池在温度较高时损耗较大。在运行游戏时，大量的数据运算会产生很大的热量，其过热的环境不利于电池的长期使用。当发现手机过热时，应当停止使用手机；如果手机有保护套，也应该取下保护套，加速散热。

教你一招

使用电池医生查看电池信息

电池的很多信息在通常情况下是无法查看的，所以在必要的时候可以通过应用软件来随时监控电池的使用情况。

通过App Store下载并安装"金山电池医生"，使用该软件便能准确预估电池可用时间、充电时间，以及在开启部分功能情况下的预估使用时间，让工作、生活以及外出时都不必担心电量不足。该软件还有快捷省电开关，只需要轻轻一按便能快速转到设置界面，省电设置更方便。

10.1.3 外置电池

因为iPhone 4S电池的容量限制，其使用时间并不会太长。如果需要长时间在外使用手机，其电池电量很可能不足，为了解决这个问题，除了随身携带充电器外，还可购买外置电池。

能为iPhone 4S提供电力的外置电池拥有很多厂商，使其类型主要分为3种，下面分别进行介绍。

1. 背夹电池

这种电池使用时，需将其安装到手机的背面，就像是普通的保护套一样，但拥有电池加保护套二合一的功能，并且部分这种电池还拥有加强手机信号的功能。

这种电池的电量虽然相对较小，但是其独特的设计可以在为iPhone 4S提供额外电力的同时不会影响手机的正常使用。

2. 底座电池

这种电池类似于一个底座，直接将该电池的接口插到iPhone 4S底部的接口上，便能为iPhone 4S供电。

这种电池的电量较多，而且在苹果的各个设备之间，如iPhone 4S、iPhone 4、iPod和iPad等之间都能通用。

3. 移动电源

这种电池不能直接为iPhone 4S提供电力，需要通过电源线和相应的接口才能连接，而且与前两种电池相比，在使用上有所不便。

这种电池虽然使用上不如前两种电池便利，但是拥有很好的通用性，不仅可以给iPhone 4S提供电力，还能为其他设备提供电力，而且这种电池的容量通常是介绍的这3种电池中最大的。

10.2　手机不安全

　　娜娜做事有时候丢三落四的，总担心手机遗失，于是就问阿伟："如果iPhone 4S在外遗失，要怎么办？"阿伟回答说："当手机遗失后，除了及时拨打自己的电话、报警以及寻求他人帮助外，还可以通过iCloud定位或锁定手机。"

　　在iCloud网站中可以查找iPhone 4S的位置，并发送信息至iPhone 4S中，此外，还能对其进行远程锁定和远程擦除等操作。

1. 定位iPhone 4S

　　使用浏览器登录iCloud网站后便可以在浏览器中定位iPhone 4S的位置，可快速帮助寻找iPhone 4S。

　　下面将使用浏览器登录iCloud网站，然后在浏览器中定位iPhone的位置。

第1步：登录iCloud

在IE浏览器的地址栏中输入iCloud的网址"https://www.icloud.com"，按Enter键后在打开的登录界面中输入iCloud的账户名和密码，单击●按钮，登录iCloud。

第2步：定位iPhone 4S

登录iCloud后，单击网页中的"查找我的iPhone"图标●，即可在打开的界面中定位iPhone 4S的位置。

提示：此时定位的位置是iPhone最后一次联入网络并使用了定位服务时的位置。

2. 发送信息并锁定iPhone 4S

成功定位iPhone后，不仅可以显示iPhone的位置，还能对iPhone发送信息或将其远程锁定。

动手一试

下面将通过对iPhone 4S发送信息，然后再对iPhone 4S进行远程密码锁定。

第1步：打开对话框

定位iPhone 4S后，在地图上单击表示iPhone 4S位置的图标，再在打开的信息条中单击 ⓘ 图标，打开"信息"对话框，点击 播放铃声或发送信息 按钮。

第2步：发送信息

在打开的"发送信息"对话框中输入需要发送的内容，然后单击 发送 按钮，该消息即将被推送至iPhone 4S的屏幕上。

提示：在"发送消息"对话框中点击"播放铃声"按钮 ，启动该功能，iPhone 4S在收到消息后将会持续响铃。当收到消息的iPhone 4S上点击 好 按钮后，iCloud的邮箱将同时收到一份邮件，提示发送到iPhone 4S的信息已显示。

第3步：远程锁定iPhone 4S

发送消息后，在返回的"信息"对话框中点击 远程锁定 按钮，在打开的"远程锁定"对话框中输入密码，然后点击 锁定 按钮，即可将iPhone 4S强制锁定，并对iPhone 4S添加密码。

锁定iPhone 4S后，当使用手机时，系统会自动打开"输入密码"界面，要求用户输入密码后再进行操作。

提示：iPhone 4S被锁定后邮箱同样可以收到邮件，提示iPhone 4S已经被锁定。

新手解惑

Q：找回iPhone 4S后，如何删除密码？

A：通过网页上的操作可以对iPhone 4S添加解锁密码，但却不能删除解锁密码，当找回iPhone 4S后，若想删除密码可在"设置"界面中点击"通用/密码锁定"命令，按提示输入密码，进入"密码锁定"界面后，点击"关闭密码"选项，然后再输入密码即可删除密码。同理可在该界面中打开密码。

3. 远程擦除

当迫于无奈时，可以将iPhone 4S上所有的数据擦除，防止重要数据丢失。

擦除iPhone 4S的方法为：点击"信息"对话框中的 远程擦除 按钮，然后再点击 擦除iPhone 按钮即可。但是需要注意的是，擦除后，iPhone 4S上所有的数据都将会被消除，包括iCloud，所以擦除后将无法再定位iPhone 4S。

Q：为什么不能定位iPhone 4S？

A：要成功定位iPhone 4S的前提是iPhone 4S中启用了iCloud，并且开启了"查找我的iPhone"功能。

当iPhone没有启用iCloud、关闭"查找我的iPhone"功能以及将iCloud账户删除后，都将不能定位iPhone，所以在平时使用手机时，应当启用iCloud并开启"查找我的iPhone"功能。

提示：启用iCloud功能后，"查找我的iPhone"默认被开启。关于如何启用iCloud的方法，已在本书第04章进行讲解。

10.3 使用出问题

娜娜一直担心iPhone 4S会出现故障，所以平常十分爱护。阿伟看见后对娜娜说："平常注意爱护是件好事，但过于小心翼翼则没有必要，随着使用时间的增加，总会出现各种问题，当出现问题后能够妥善的处理便没有什么可以担心的。"

▌10.3.1 不能连接网络

当iPhone 4S不能连接网络时，很多重要的功能都无法使用，因此当iPhone 4S无法连接网络时，是件非常郁闷且不能容忍的事情。

下面将列举不能连接网络的几种情况，并分别对其做出相应的应对措施。

1. 无法连接WiFi网络

想让iPhone 4S接入网络，使用WiFi是最佳选择，因为这种网络不仅速度快，而且不用支付额外的费用。

■ 不能连接WiFi

当搜索到WiFi信号，且密码输入正确时，却提示无法连接网络，可能是由于同时连接路由器的设备过多，导致路由器负荷太大而暂时无法连接。

当路由器开启WiFi信号，且路由器正常工作时，iPhone 4S却搜索不到WiFi，则有可能是iPhone 4S的硬件出现问题，需要对其进行送修。

■ 连接后不能上网

在"设置"界面中点击"无线局域网"选项，在打开的界面中开启WiFi功能，并选择网络，当成功连接WiFi后却不能通过WiFi上网，其原因可能是提供WiFi网络的路由器没有成功接入网络或提供WiFi网络的路由器启用了MAC地址过滤的功能。

如果路由器没有成功接入网络，可能是宽带费用不足导致欠费、小区的网络端口出现问题暂时不能上网、为路由器设置的宽带账号密码出错或路由器本身的WiFi功能模块发生故障等。

如果路由器启用了MAC地址过滤功能后，且未在路由器的MAC地址过滤列表中添加上网设备的MAC地址，则即便能成功连接WiFi也不能上网。其解决方法为：在"设置"界面中点击"通用/关于本机"命令，在打开的界面中查看iPhone 4S的MAC地址，将该地址添加到路由器中即可。

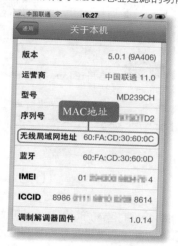

2. 无法连接3G

由于3G网络具有速度较快、资费较低、覆盖较广等特点，所以3G网络是在没有WiFi热点时，连接网络的最佳选择。但是如果不能连接3G，则可能出现以下问题。

■ 没有3G网络覆盖

虽然现在3G网络的覆盖面很广，但是其覆盖面积与2G网络相比要小很多，尤其在人烟稀少的地方以及大山中，很可能没有3G网络的覆盖，在没有覆盖3G网络的地区，自然不可能通过3G上网。

■ 电话卡不支持3G或资费不足

如果使用的是不支持3G网络的电话卡或当卡上资费不足，导致停机时，其3G网络服务也会停止，这时只需要缴纳足够的费用即可。

■ 硬件出问题

在有3G网络覆盖且手机拥有足够的资费时仍然不能通过3G上网，则可能是硬件出现故障，需要将其进行送修。

10.3.2 程序闪退的原因

有时候在使用iPhone 4S安装的应用程序的过程中，会出现应用程序自动关闭的情况，其表现为：在启动应用程序或使用过程中，程序一闪而过，返回主屏幕。

造成程序闪退的原因有多种，下面列举最常见的几种。

- 程序不兼容：程序的运行需要系统的支持，很多应用程序都对系统版本有要求，如果下载的程序版本与iPhone 4S不能兼容，则可能导致闪退。解决方法为卸载该软件，重新下载适合的版本。

- 与iTunes同步时出现问题：在与iTunes同步的过程中出现问题，导致应用程序未能成功同步但iPhone 4S中却有该应用程序的图标，此时只需要重新同步应用程序即可。

- 程序优化不佳：每一个应用程序都是由代码写成的，如果在编写程序时未对代码做相应的优化处理，导致应用程序在运行时效率不佳或经常进入死循环，则可能导致闪退，遇到这样的问题时，可以下载版本更高的应用程序，如果所有版本的应用程序都有类似的问题，则可以考虑更换其他功能类似的应用程序。

10.3.3 如何解决触屏问题

iPhone 4S拥有其他产品难以超越的非凡触控体验，其大部分操作都是通过触屏来进行的。虽然苹果公司解决了大部分电容屏可能出现的问题，但依然存在在特殊情况下无法正常使用的情况。

造成触屏出现问题的原因有多种，除了硬件损坏需要更换屏幕外，还有可能出现以下几种情况。

- 操作方式不对：iPhone 4S使用的是电容屏，这种触摸屏将人体当作一个电容器元件的一个电极来使用，需要人体的电流进行工作，因此使用指甲、手套和普通的触摸笔等绝缘部件将无法正常使用iPhone 4S的触摸屏。

- 充电时失灵：手机在不充电时能正常使用，而在充电时却无法正常使用，这有可能是使用了非原厂充电器造成的。出现这样的问题，更换行货或由苹果公司认证的充电器即可。另外，当在列车、汽车等不稳定的充电环境下，也可能导致手机在充电时不能正常使用。

■ 漂移：由于电容屏的工作原理，导致电容屏对环境温度、湿度和环境电场等都有所需求。当环境温度、湿度和环境电场发生改变时，都可能会引起电容屏的漂移，造成操作不准确。

黑屏和定屏的解决方法

黑屏：手机拥有足够的电量，却在使用过程中出现黑屏，可能是由于死机造成的，此时只需要同时按住Home键和电源键并持续一段时间，直到手机重启即可。

定屏：一直停留在一个界面，如启动时一直停留在白色苹果Logo界面、进入系统后一直停留在锁定界面等无法正常操作时，如果重启等操作均无效，则有可能是系统出现问题，此时需要请专业人员进行维修。

10.3.4 iTunes问题及解决方法

当iTunes出现问题时，虽然不直接影响iPhone的使用，但在需要同步资料、导入文件、更新系统时却比较麻烦。

下面将介绍在使用iTunes时，常见的几个问题及其对应的解决方法。

将iPhone 4S与电脑连接后，却无法在iTunes的设备中找到iPhone 4S，可能是由于以下原因造成的。

■ iPhone已关机：iPhone 4S在关机时无法与iTunes连接，此时只需要按住iPhone 4S的电源键，将其开机后即可。如果iPhone 4S自身电力不足，则需要等待一段时间，让iPhone 4S拥有足够的电力再开机。

■ 数据线或USB接口损坏：将iPhone 4S开机后依然无法与iTunes连接，可将数据线插入其他USB接口；如果仍然无法连接，则更换iPhone 4S数据线。

■ 服务未启动：将iPhone 4S与电脑连接并启动iTunes后，iTunes弹出对话框，提示"此iPhone不能使用，因为'Apple 移动设备服务'没有启动"信息，这可能是由于某些原因将电脑中的相关服务禁用了。出现这个问题时需要手动启动相关服务，其方法是在电脑的"开始"菜单中选择"控制面板"命令，在打开的"控制面板"窗口中单击"管理工具"超链接，在打开的窗口中双击"服务"项，最后在打开的"服务"窗口中双击Apple Mobile Device项，将其启动即可。

■ 重装iTunes：当排除iPhone 4S及相应的数据线和USB接口的问题后，仍然无法与iTunes连接，此时可以考虑将iTunes及其相关的软件全部卸载，然后再通过官网下载最新版本的iTunes并重新安装。

10.3.5 更新和恢复固件

iPhone 4S的固件是保证手机能正常使用的另一项重要的组成部分，必须保证固件能正常工作。当固件有更新时可以将固件进行更新，当固件出现问题时则可将固件进行恢复。

下面将讲解对iPhone 4S进行固件升级和恢复的操作方法。

1. 更新固件

苹果公司会长期更新其设备的固件，每次更新都会做出相应的优化并增加一些新的功能或内容。更新固件一般可以在iTunes相应的"设备"界面或iPhone 4S的"设置"界面中进行。

■ iTunes更新

通过iTunes更新iPhone 4S的方法比较简单，只需要连接iPhone 4S后，在iTunes的设备中选择需要更新的iPhone 4S，然后在"摘要"选项卡中单击 更新 按钮，再在弹出的对话框中单击 更新 按钮，这时将弹出一个对话框，显示此更新的内容，单击 下一步(N) 按钮后再单击 同意(A) 按钮即可开始下载，并在下载完成后安装更新。

■ 在iPhone 4S上更新

当iPhone 4S有新版本的固件可以更新时，便可在将iPhone 4S的"设置"界面中点击"通用/软件更新"命令，在打开的界面中点击 [下载并安装] 按钮，并同意相应的条款即可开始下载并安装更新。

提示：通过手机进行更新应先将手机接入WiFi网络中，若是在3G网络则不会下载更新文件。当开始下载后，如果需要暂停下载，只需要断开WiFi连接即可。

新手解惑

Q：为什么需要更新固件？

A：为了跟随时代的发展，固件在经过一段时间的使用后都会发布更高的版本。同时会将近期的一些新技术加入新固件，并修改原固件已经发现的一些错误，使系统的功能更强、运行速度更快、出错率更小。

但是需要注意的是，在更新之前，首先应该将手机进行备份，避免数据的丢失，造成不必要的麻烦。

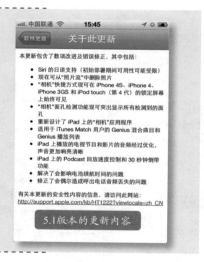

2. 恢复固件

当iPhone 4S出现问题而无法正常使用时，可以对iPhone 4S进行恢复操作，通过iTunes恢复固件的操作方法与通过iTunes进行更新的操作方法类似，将iPhone 4S与iTunes连接后，在"摘要"选项卡中单击 [恢复] 按钮然后根据提示进行操作即可。

在恢复过程中，如果检查到有新版本的固件，将会下载新版固件然后再进行相应的恢复操作。

10.4 功能不全面

在为娜娜解决了各种问题后，阿伟又拿出了一些iPhone 4S适用的其他部件，并告诉娜娜说："iPhone 4S虽然只是一个手机，但是有很多周边产品可以扩展iPhone 4S的功能，使其功能更加强大和完善。"

10.4.1 AirPlay和AirPrint的作用

iPhone 4S拥有很多周边产品，其中AirPlay和AirPrint是由苹果公司推出的功能非常强大的两款周边产品。

1. AirPlay

通过AirPlay，可以将iPhone 4S中的内容通过Apple TV无线传输到HDTV和音箱上。使用AirPlay视频镜像功能可以将iPhone 4S上出现的一切呈现在HDTV中，甚至可以通过该功能在HDTV上玩游戏。

2. AirPrint

使用AirPrint，无需使用连接线就能打印文档，实现"无线打印"功能，如使用AirPrint可以让iPhone 4S通过无线直接打印电子邮件、照片、网页和文档等内容。iPhone 4S能自动在无线网络中找到支持AirPrint的打印机，并与其相连。即使你在房间的另一端，或是房子的另一边，都可以在需要时进行打印。

10.4.2　音响基座的好处

iPhone 4S拥有强大的影音功能，但是仅仅靠原装的耳机和iPhone 4S的外放功能显然不能完美地发挥其效果，所以需要通过音响基座进行扩展。

iPhone 4S适用的音响有很多厂家都在生产，且音质和价格也有所不同，但这些产品都能将iPhone 4S的音质完美地展现出来，并且在聆听完美音质的同时还能为iPhone 4S充电，十分方便。其中部分这种音响还拥有遥控器，可以远程遥控iPhone 4S的音乐播放。

10.4.3　使用摄影支架和镜头

iPhone 4S的相机拥有较高的像素和不错的成像效果，但是在特殊环境下仍然可能得不到较为理想的效果。为了解决这样的问题，可为iPhone 4S加上支架，并挂上额外的镜头，让iPhone 4S摄影成像效果更上一层楼。

下面将分别介绍摄影支架和相机镜头。

1. 摄影支架

使用任何摄影设备进行手持拍摄时，都会因为手的活动导致在最终成像时产生拖影，严重降低成像效果。为了解决这个问题，使用支架是最好的选择。iPhone 4S的摄影支架便是为了在使用iPhone 4S进行拍摄时能将其固定的装置，消除因为手抖而产生的拖影，保证成像质量。

2. 摄影镜头

摄影支架只是为了保证成像的质量，而摄影镜头则是实质性的提升成像质量。将专用的摄影镜头装在iPhone 4S的背面，立刻就可以将iPhone 4S变为专业级的摄影设备。

10.4.4 便携投影仪

iPhone 4S为了符合人体手掌的大小，将屏幕设计为3.5英寸，这样虽然能方便地进行手持操作，但想分享屏幕上密密麻麻的内容，却成了一件比较麻烦的事情。这时一个优秀的便携投影仪则是解决这个问题的首选方案。

为了配合iPhone 4S的使用，便携投影仪使用的接口都是苹果专用的接口，只要通过接口将投影仪和iPhone 4S进行连接，便能将iPhone 4S上的画面清晰地投影到荧幕上。这时如果再配上一个音响，便能轻松地打造一个高清的家庭影院。如在床上将其投影到天花板上；在户外，将其投影到水中；在公司，将其投影到荧幕上，体验不同环境下带来不同的感受。

10.4.5 安全保护iPhone 4S

谁也不想自己心爱的iPhone 4S还没用多久，就变得破旧不堪，但在使用手机过程中，难免会磕磕碰碰，严重的甚至会损害手机硬件，因此需要保护iPhone 4S，使其寿命更长。

知识点拨

保护手机除了平时多加注意外，还可通过保护膜和保护套加强防护，下面分别介绍。

国外的创意保护膜

1. 保护膜

几乎所有的iPhone 4S用户在买到手机后，都会在第一时间为心爱的iPhone 4S贴上保护膜。通过贴上薄薄的保护膜便可加强iPhone 4S外表的防护，大大降低手机被刮花的可能，而且这种保护膜一般都很薄，几乎发觉不到它的存在，完全不用担心会妨碍手机的使用。

2. 保护套

如果担心仅仅靠薄薄的保护膜不能完美地保护iPhone 4S，还可以装上保护套。保护膜只能保护手机不受刮伤的伤害，而保护套则能保护手机不受一般的碰撞伤害。而且现在有各种类型的保护套可供选择，不仅可以美化iPhone 4S的外观，还能体现用户的个性化，受到广大用户的青睐。

10.4.6 使用无线充电器

在电器越来越多的现代，如果家中各种电器的电源线太多，势必会有各种各样的麻烦。为了解决电源线太多的问题，无线充电技术应运而生，且已经越来越快地得到普及。

无线充电器

无线充电器的工作原理是将购买无线充电器时赠送的充电保护套安装到iPhone 4S上，然后将装好保护套的iPhone 4S直接贴在无线充电器表面，充电便会自动开始充电。而且这种充电器还可以同时为多部苹果的设备充电，大大减少了为设备充电的电线，在减少不少麻烦的同时，也能使书桌更加整洁。

10.4.7 使用电容触控笔

因为iPhone 4S使用的是电容屏，这种屏幕只能使用手指操作，而不能使用指甲和普通的触控笔等部件进行操作。

电容触控笔是专门为了能在电容屏上使用的触控笔，这种触控笔的使用方法和普通触控笔的使用方法相同，不同的是电容触控笔可以在电容屏上进行操作，方便文字输入、玩游戏等。

10.5 身困"牢狱"中

自从娜娜使用iPhone 4S后，认识了很多同样使用iPhone 4S的朋友，娜娜也经常和这些朋友交流。在与这些朋友交流的过程中，经常会听到他们说"越狱"，娜娜不明白什么是"越狱"，于是便问阿伟。阿伟告诉娜娜："对苹果的设备而言，'越狱'是指破解手机系统，获取用户权限等操作。"

10.5.1 什么是越狱

要明白什么是越狱，首先应该明白iPhone 4S等苹果设备所使用的iOS系统的运行环境。越狱是对苹果公司的iPhone、iPod touch、iPad等设备所搭载的iOS系统进行破解的一种技术手段，使用这种技术及软件可以获取到iOS的最高权限。

iPhone等苹果设备所使用的iOS系统是封闭系统，与其他手机，如诺基亚所使用的Symbian系统和Google发布的Android系统等开放系统最大的不同是，后两者是开放的用户权限，而iOS用户权限极低。因此iOS的用户只能在苹果验证的App Store中购买的应用程序，并且这些应用程序都无法对iOS系统在变更。

当需要在iOS系统中使用部分第三方应用程序、修改系统文件、增加系统功能等操作时，需要拥有比只读更高的用户权限，而这种权限是苹果公司未对用户开放的，所以需要通过越狱来获取权限。

10.5.2 如何越狱

要让一部iOS设备成功越狱，首先需要利用iOS系统的漏洞来进行破解，而这些工作是一般人所不能完成的。因此现在有很多黑客针对iOS系统的不同版本进行破解，并在成功后发布针对不同的iOS版本所使用的越狱工具套件。

越狱的一般步骤为：准备一台安装有iTunes的电脑，并将iPhone上的数据进行备份，然后下载对应的iOS版本和由黑客组织发布的相应版本的工具套件，然后再利用工具套件将iOS进行破解并安装即可。

10.5.3 越狱的好处与坏处

因为在未越狱前，iOS系统是封闭的系统，并且在经过苹果验证后发布到App Store中的应用程序都无法对iOS系统中的文件进行修改处理，所以越狱前，设备比较省电，而且稳定性极佳，在删除应用程序后不会在iOS系统中留下冗余的系统垃圾文件。

将手机越狱后，其最主要的好处是获得了用户权限，使用户可以在手机上安装一些第三方的应用程序，如来电和短信显示归属地、第三方输入法、Flash插件和破解后的应用程序等。但是因为开放了用户权限，这些应用程序有权利修改iOS的系统文件，从而造成系统环境不稳定；并且在越狱后系统会开启一些进程来保持越狱的状态，使越狱后手机的耗电速度更快；也可能在越狱过程中产生一些BUG，影响手机的正常使用，甚至影响基本的电话功能。因为不同版本的iOS系统所使用的越狱工具不同，而且在苹果公司发布新版本的iOS版本后，一般需要较长时间才会被黑客所破解，所以越狱后，并不能第一时间升级最新的iOS系统。

新手解惑

Q：越狱是不是必须的？

A：苹果公司封闭iOS系统是基于安全的考虑，并且通过App Store下载的应用程序功能十分强大和完善，虽然部分功能不能在未越狱的状态下使用，但是未越狱时，iOS的系统稳定性和安全性是最好的，所以越狱不是必需的。

10.6 更进一步——解决其他纠结的事

经过阿伟的讲解和介绍，娜娜再也不会纠结iPhone 4S的那些问题了，并且在遇到一些小问题时能自己解决。阿伟还告诉娜娜，关于iPhone 4S的一些相关问题，还有以下几点需要掌握。

第1招 更换iPhone 4S的电池

经过一段时间的使用后，电池的电力会比最初少很多，当电力无法支持手机正常工作时，就可以考虑更换电池了。本书第01章中简单介绍了iPhone 4S的拆机，在掌握了拆机的技巧后，就可以为iPhone 4S更换电池。

iPhone 4S的电池是使用两颗螺丝固定，并用电池连接器插座与主板相连接的，要更换电池只需要使用合适的螺丝刀拆下螺丝，然后使用工具轻轻地撬开连接器，最后再取下电池进行更换即可。

第2招 通过设置还原手机

在iPhone 4S的"设置"界面中点击"通用/还原"命令,在打开的界面中点击相应的选项可以对iPhone 4S的部分或全部设置进行还原,如还原所有设置、还原网络设置和还原主屏幕布局等。

通过这个界面可以快速对iPhone 4S进行各种还原,十分方便。

第3招 在iPhone上定位iPhone

使用iCloud的网页版可以轻松定位iPhone 4S,并对iPhone 4S发送信息或锁定iPhone 4S。但是网页版的iCloud不方便在户外使用,为了解决这个问题,可以通过App Store下载"查找 iPhone"应用程序来解决。

点击主屏幕上的"查找 iPhone"图标,输入账号和密码登录后便能定位iPhone 4S,在信息条中点击图标,在打开的"信息"界面中便可点击相应的按钮,对iPhone 4S发送信息或进行锁定等操作。

第4招 白苹果和白图标

白苹果指的是当你启动或注销iPhone、iPod Touch和iPad等苹果设备时，系统的开机界面或注销界面停留在一个白色苹果的界面，且设备无法实现任何操作的一种状态，称之为白苹果。白图标则是手机能正常使用，但是主屏幕上部分或全部图标都变为白色。

一般白苹果和白图标只会在手机越狱后，安装了一些不安全的插件和软件造成。通常遇见此类情况，除了找专业人员进行维修外，还可以连接手机与iTunes，然后进行恢复操作。

要将iPhone 4S与iTunes连接，必须要将iPhone 4S开机才可以，所以当遇见白苹果时，可能无法与iTunes连接。这时需先关机，然后按住Home键不放并插上数据线，iPhone 4S将会开机，在开机时不要松开Home键，直到出现提示连接iTunes的界面，此时iTunes会提示处于恢复模式的iPhone 4S，然后再根据提示操作即可。

按住Home键不放并插入数据线后，在开机后出现的提示连接iTunes的界面

10.7 活学活用

（1）选购外置电池，并在iPhone 4S电量不足的情况下使用外置电池为iPhone 4S提供额外的电力。

（2）在iPhone 4S中启用iCloud功能，然后通过网页上的iCloud定位iPhone 4S，并对iPhone 4S发送信息。

（3）选购专为iPhone 4S 生产的保护膜和保护套，加强防护等级，然后再选购一些周边产品，扩展iPhone 4S的功能，使iPhone 4S的功能更加强大。

 后记：提点学习建议

在创作本书时，虽然我们已尽可能设身处地为您着想，希望能帮您解决使用iPhone 4S过程中的各种问题，但我们仍不能保证面面俱到。如果您想学到更多知识，或学习过程中遇到了困惑，除了可以联系我们之外，还可以采取下面的渠道。

🔒 **善用网络资源**：网络上有很多与iPhone 4S相关的论坛，在论坛上，有很多网友在不断讨论与iPhone 4S有关的知识。读者没必要一一记住各个网站的网址，可善用搜索引擎，如百度（http://www.baidu.com），在解决问题的过程中补充自己的知识量。

🔒 **多与朋友交流**：目前使用iPhone 4S的人很多，多与朋友交流学习和实战心得，是获取更多知识与方法的一种捷径。

🔒 **加强实际操作**：学习的目的在于应用，所以在学习理论知识之余，一定要上机操作书中所讲的，这样才能在操作的过程中巩固知识，做到熟能生巧。并且有些知识点只看书不一定能马上明白，有时候操作一次就能理解并且掌握。

🔒 **勤于思考和总结**：静心想一下，其实使用iPhone 4S的方法有很多相通之处，在实际处理过程中经常会使用"设置"界面、App Store等功能，发现与总结它们的异同，这样在遇到没有学习过的问题时，说不定您一样可以轻松解决。

🔒 **多看相关资讯**：iPhone 4S一直以来都很火爆，同一部iPhone 4S在不同的人手中可能会拥有多种不同的功能及用法。只有不断通过杂志、网络学习新的资讯，才可能真正解决遇到的问题。